KB004144

빵 & 비에누아즈리 레시피 80

L'ÉCOLE de la BOULANGERIE

르 꼬 르 동 블 루 불 랑 주 리

Photograph Delphine Constantini · Juliette Turrini, Food Styling Mélanie Martin

빵 & 비에누아즈리 레시피 80

L'ÉCOLE de la BOULANGERIE

르꼬르동블루 불랑주리

Photograph Delphine Constantini · Juliette Turrini

Food Styling Mélanie Martin

LE CORDON BLEU
1895
PARIS

Préface

르 꼬르동 블루의 수업을 기본으로 한 전문가의 다양한 노하우를 습득한다

르 꼬르동 블루의 새 책《르 꼬르동 블루 불랑주리(L'École de la Boulangerie)》는 여러분을 새로운 미식의 모험으로 안내합니다. 르 꼬르동 블루의 수업을 기본으로 한 이 책의 각 장에서는 전문 제빵사들의 다양한 노하우를 습득할 수 있는 내용을 다루고 있습니다. 발효와 빵의 굽기를 조절하는 방법, 현대적인 비에누아즈리의 구성과 이곳저곳의 새로운 전문기술을 담았습니다. 더불어, 전통 바게트에서부터 프티 팽, 지역 특산빵에서부터 세계의 빵에 이르기까지 맛과 식감의 새로운 세계를 발견할 것입니다.

르 꼬르동 블루는 국제적 네트워크를 구축한 세계 최초의 요리와 호텔 매니지먼트 교육기관입니다. 125년이 넘는 교육 경험으로, 르 꼬르동 블루는 기초부터 자격증 또는 디플로마 취득에 이르기까지 폭넓은 교육과정을 제공하고 있을 뿐만 아니라, 대학에서 외식, 호텔, 관광 분야의 경영학 학사와 석사 학위 과정도 운영 중입니다. 매년 20여 개국의 르 꼬르동 블루 캠퍼스에서 100여 개국 이상의 다양한 국적을 가진 20,000여 명의 학생들이 요리, 제과, 제빵, 와인, 호텔 매니지먼트를 공부하고 있습니다.

르 꼬르동 블루는 캠퍼스와 대학 운영을 통해 학생들의 커리어에 좋은 동반자가 되고자 양질의 교육과정을 발전시켜왔습니다. 덕분에 르 꼬르동 블루의 학생들은 기자, 음식평론가, 소믈리에, 와인유통업, 작가, 음식사진가, 레스토랑 디렉터, 영양사, 셰프, 경영자 등 다양한 직업 분야에서 활약하고 있습니다.

줄리아 차일드(Julia Child)에서부터 요탐 오토렝기(Yotam Ottolenghi)에 이르기까지, 수많은 졸업생들의 성공은 르 꼬르동 블루의 교육 수준을 증명합니다. 미쉐린 가이드에서 별을 받은 가리마 아로라(Garima Arora), 클라라 푸츠(Clara Puig), 크리스토발 무뇨즈(Cristobal Muñoz)를 비롯한 많은 졸업생들이 명망 있는 타이틀과 상을 받았습니다. 루시아나 베리(Luciana Berry), 제시카 왕(Jessica Wang)은 2020년 톱셰프와 마스터셰프에서 우승을 차지하기도 했습니다. 르 꼬르동 블루는 전 세계적으로 전문성을 인정받은 우리 졸업생들을 자랑스럽게 생각합니다.

르 꼬르동 블루는 언제나 탁월함을 추구하는 철학에 충실하며, 국제적인 미식의 수도들에서 최상의 교육환경을 제공하고 있습니다. 스타 셰프와 각 분야 전문가로 구성된 르 꼬르동 블루 아카데미의 팀원들이 상시 근무 중이며, 이들은 최고 규모의 기관들에서 경력을 쌓았습니다. 그 결과 전 세계 곳곳에서 르 꼬르동 블루의 높은 교육 수준을 인정하고 있습니다.

교육의 혁신이야말로 르 꼬르동 블루의 DNA입니다. 오랜 시간 르 꼬르동 블루는 요리와 호텔업계가 겪어온 진화를 목격해왔으며, 우리의 새로운 프로그램은 학생들의 커리어를 성공으로 이끌기 위한 관찰의 결과라고 할 수 있습니다. 영양, 웰빙, 비건식, 식품과학, 사회적·환경적 책임에 대한 강한 관심에 부응하기 위해, 르 꼬르동 블루의 새로운 프로그램은 미식의 세계에 끊임없이 영향을 미치는 변화들에 맞추어 구성되었습니다.

변화의 주체가 되는 것은 르 꼬르동 블루에게 새로운 일이 아닙니다. 1895년 저널리스트 마르트 디스텔(Marthe Distel)은 모두를 위한 요리 교육을 위해 활동하는 선구적인 비전으로 르 꼬르동 블루를 설립했습니다. 르 꼬르동 블루는 대중과 비전문가들에게 그 문을 열고 정통 프렌치 퀴진 거장들의 테크닉을 가까이에서 배울 수 있는 기회를 제공했으며, 성공을 거두었습니다. 여성과 전 세계에서 온 일반인들이 르 꼬르동 블루에서 공부했습니다. 1897년에는 첫 러시아 학생이 입학하였고, 1905년에는 첫 일본 학생이 입학하였습니다. 1914년 꼬르동 블루는 파리에 4개의 학교를 운영했고, 혁신은 성공으로 이어졌습니다.

오늘날, 르 꼬르동 블루의 사명은 미식의 부흥입니다. 르 꼬르동 블루의 교육 프로그램에서는 국제 기준을 가르치는 것은 물론, 각 지역의 맛과 관습을 존중하고 프렌치 퀴진 테크닉을 세계 요리에 접목시키는 훈련을 하고 있습니다. 우리가 제공하는 프로그램 중 일부는 여러 나라의 교육부가 요청하여 만든 것으로, 페루, 브라질, 멕시코, 스페인, 일본, 태국 요리 프로그램도 운영하고 있습니다. 또한 세계 각지의 문화, 전문지식, 미식, 식재료 관련 행사에 참여하며, 대사관과 지자체 등의 다양한 기관과 협력할 뿐만 아니라 박람회나 국제대회에도 참가하고 있습니다.

르 꼬르동 블루는 꾸준히 서적을 출간해왔습니다. 그중 대부분은 세계적인 베스트셀러가 되었으며, 일부는 요리 교육 현장에서 교재로 사용하고 있습니다. 지금까지 전 세계에서 1,400만 부 이상 판매되었습니다. 어떤 수준이든 모든 아마추어 미식가들이 앞으로 한발 더 나아갈 수 있도록 북돋우며, 독자들과 함께 창작과 좋은 맛을 위한 새로운 테크닉을 나눌 수 있어 행복합니다.

『르 꼬르동 블루 불랑주리』를 통해 모든 형태의 빵과, 빵이 만들어지는 모든 과정을 사랑하게 되기를 바랍니다. 직접 빵을 만든다는 것은 모든 감각이 동원되는 경험이자 발효의 마법입니다. 오븐에 들어간 반죽이 구워지는 맛있는 냄새를 맡아보고, 갓 구운 빵이 바삭하게 부서지는 소리와 그 독특한 질감을 느껴보세요. 갓 구운 뜨거운 빵은 놀랄 정도로 특별한 맛입니다.

부디 좋은 경험이 되길 바랍니다.

미식가들과 함께
르 꼬르동 블루 인터내셔널 회장
앙드레 쿠앵트로

LE CORDON BLEU

LE CORDON BLEU
ACADÉMIE D'ART CULINAIRE DE PARIS
SYDNEY CULINARY ARTS INSTITUTE

Sommaire

차례

아로마틱 빵 Pains aromatiques

지역 특산빵 Pains régionaux

세계의 빵 Pains internationaux

스낵 · 조리빵 Snacking

비에누아즈리 Viennoiseries

Introduction
아마추어를 위한 진정한 제빵 바이블

르 꼬르동 블루만의 요리 및 교육 분야의 역량이 라루스출판사의 도움을 받아 《르 꼬르동 블루 불랑주리(L'École de la Boulangerie)》라는 훌륭한 책으로 탄생하였습니다.

이 책에는 비에누아즈리와 맛있는 스낵 여러 종류를 포함해 최고의 클래식, 모던, 월드 베이커리 레시피들이 담겨 있습니다. 가장 쉬운 레시피부터 다소 난이도가 있는 것까지, 전 세계 르 꼬르동 블루 셰프들이 이 책을 통해 80가지가 넘는 레시피의 비밀을 사진과 함께 독점 공개합니다.

전통빵과 비에누아즈리(바게트, 오베르뉴 호밀 투르트, 치아바타, 증기로 찐 프티 바오 번, 크루아상, 브리오슈, 피타)에서부터 좀 더 특수한 테크닉이 필요한 특별한 빵(글루텐프리빵, 쿠론 트레세, 노르망디 서프라이즈, 프로방스풍 팽 피유테)까지, 르 꼬르동 블루 셰프들의 명성에 걸맞는 레시피를 따라 가정에서 르 꼬르동 블루의 수업 방식으로 직접 만들 수 있습니다. 쉽게 이해하여 성공적인 베이킹을 할 수 있도록 이 책에서는 단계별 사진과 함께 제빵의 기본 반죽들부터 소개합니다.

르 꼬르동 블루의 셰프들은 이 책에 창의적인 레시피뿐만 아니라, 테크닉과 요리 재료에 관한 팁들도 전달하기 위해 노력하였습니다. 또한 주방에서 낭비되는 부분들을 줄일 수 있는 유용한 아이디어도 담겨 있습니다.

《프티 라루스 뒤 쇼콜라(Petit Larousse du Chocolat)》, 《르 꼬르동 블루 파티세리(L'École de la Pâtisserie)》와 마찬가지로 이 책은 르 꼬르동 블루의 목표를 보여주고 있습니다. 프랑스뿐만 아니라 전 세계에 우리의 노하우를 전수하고 가스트로노미의 가치를 향상시키는 것입니다.

《르 꼬르동 블루 불랑주리》는 정확한 오리지널 레시피나 더욱 전통적인 레시피를 알고 싶어하는 아마추어를 위한 진정한 제빵 바이블입니다. 르 꼬르동 블루만의 차별화된 레시피와 설명을 통해 빵을 포함해 프랑스와 세계의 비에누아즈리를 탐험하고, 새로운 도전을 위한 첫걸음을 내딛을 수 있기를 바랍니다.

이 책이 여러분을 안내할 것입니다. 지금부터 시작해보세요.

제빵 기술장
올리비에 부도

Le Cordon Bleu les dates repères
르 꼬르동 블루 역사

1895 파리에서 프랑스 저널리스트 마르트 디스텔(Marthe Distel)이 요리주간지 《라 퀴지니에르 꼬르동 블루(La Cuisinière Cordon Bleu)》 발간. 그해 10월, 잡지 구독자들을 대상으로 르 꼬르동 블루의 첫 번째 요리수업.

1897 르 꼬르동 블루 파리에 첫 번째 러시아 학생 입학.

1905 르 꼬르동 블루 파리에 첫 번째 일본 학생 입학.

1914 파리에 4개의 분원 설립.

1927 일간지 《더 런던 데일리 메일(The London Daily Mail)》 11월 16일자에서 르 꼬르동 블루 파리를 방문해보니 "한 학급에 8개 국적의 학생들이 있다."고 소개.

1933 르 꼬르동 블루 파리를 졸업한 로즈마리 위므와 디온느 뤼카스가 셰프 앙리-폴 펠라프라의 감독 아래 런던에 분원 〈프티 꼬르동 블루〉와 레스토랑 〈오 프티 꼬르동 블루〉 오픈.

1942 디온느 뤼카스가 뉴욕에 르 꼬르동 블루 분원과 레스토랑 오픈. 또한 베스트셀러 《더 꼬르동 블루 쿡북(The Cordon Bleu Cook Book, 1947)》을 집필하고, 미국 TV 요리쇼의 첫 번째 여성 사회자가 됨.

1948 미국 국방성의 신임을 얻은 르 꼬르동 블루가 유럽에서 복무를 마친 젊은 미군들의 전문교육을 담당. CIA 전신인 미국전략정보국(OSS)의 일원이었던 줄리아 차일드가 르 꼬르동 블루 파리에서 수학.

1953 엘리자베스 2세 영국 여왕의 대관식에서 르 꼬르동 블루 런던 분원이 고위 외교 사절들의 만찬을 담당하면서 '코로네이션 치킨(Coronation Chicken)' 레시피를 최초로 고안하여 선보임.

1954 빌리 와일더 감독, 오드리 헵번 주연의 영화 《사브리나》의 대흥행으로 르 꼬르동 블루가 전 세계적으로 널리 알려짐.

1984 레미 마르탱 & 쿠앵트로 브랜드를 설립한 가문의 후손인 쿠앵트로 가문이 1945년부터 회장직을 맡아온 엘리자베스 브라사르(Elizabeth Brassart)에 이어 르 꼬르동 블루 재단을 인수.

1988 르 꼬르동 블루 파리가 원래 있던 에펠탑 근처의 샹 드 마르스(Champ de Mars) 거리를 떠나 15구의 레옹 델롬므(Léon Delhomme) 거리로 이전하고, 장관 에두아르 발라뒤르(Édouard Balladur)가 개관을 선포.
- 르 꼬르동 블루 오타와에 첫 번째 학생 입학.

1991 르 꼬르동 블루 재팬 도쿄 캠퍼스, 뒤이어 고베 캠퍼스가 차례로 문을 열고, 〈프티 프랑스 오 자퐁(Petite France au Japon)〉이라는 이름으로 운영.

LE CORDON BLEU
PARIS

1995 르 꼬르동 블루 100주년.

- 중국 상하이 시가 기술 교육을 위해 최초로 요리사를 르 꼬르동 블루 파리로 파견.

1996 르 꼬르동 블루 오스트레일리아 시드니 캠퍼스 설립. 뉴사우스웨일즈 주정부의 요청으로 2000년 시드니 올림픽의 만찬 준비를 위한 셰프 트레이닝 담당. 애들레이드에 학사, 경영석사, 호스피탈리티, 외식, 미식, 와인 분야의 대학 연구과정 개설.

1998 르 꼬르동 블루만의 교육 전문 프로그램을 미국에 도입하기 위하여 미국 경력개발센터(CEC)와 독점 협약 체결하고, 호텔 매니지먼트와 요리 분야의 연계 학위 협정 제안.

2002 르 꼬르동 블루 코리아, 르 꼬르동 블루 멕시코 설립. 첫 학생들 입학.

2003 르 꼬르동 블루 페루 설립. 페루의 첫 번째 요리학교가 됨.

2006 두싯 인터내셔널과 파트너십을 맺고 르 꼬르동 블루 타일랜드 설립.

2009 르 꼬르동 블루 파리의 학생이었던 줄리아 차일드의 이야기를 다룬, 메릴 스트립 주연의 영화《줄리 & 줄리아》제작 발표에 르 꼬르동 블루 전 네트워크 참여.

2011 프란치스코 드 빅토리아 대학과 파트너십을 맺고 르 꼬르동 블루 마드리드 설립.

- 르 꼬르동 블루에서 가스트로노믹 투어리즘 석사 프로그램 온라인 시작.
- 일본이 프랑스보다 미쉐린 3스타 레스토랑의 수가 더 많아짐.

2012 선웨이대학(Sunway University)과 파트너십을 맺고 르 꼬르동 블루 말레이시아 설립.

- 르 꼬르동 블루 런던이 블룸즈버리(Bloomsbury) 거리로 이전.
- 르 꼬르동 블루 뉴질랜드 웰링턴캠퍼스 설립.

2013 르 꼬르동 블루 이스탄불 설립.

- 르 꼬르동 블루 타일랜드가 아시아지역 최고요리학교상 수상.
- 마닐라 아테네오대학과 파트너십을 맺고 르 꼬르동 블루 필리핀 설립.

2014 르 꼬르동 블루 인디아를 설립하고 호텔, 레스토랑 매니지먼트 학사과정 운영.

- 르 꼬르동 블루 레바논과 르 꼬르동 블루의 미식학 과정(HEG)이 10주년을 맞음.

2015 르 꼬르동 블루 120주년

- 르 꼬르동 블루 상하이 설립, 학생 입학.
- 국립 가오슝 호스피탈리티관광대학교, 밍-타이 인스티튜트와 파트너십을 맺고 르 꼬르동 블루 타이완 설립.
- 피니스 테레 대학과 파트너십을 맺고 칠레 산티아고에 르 꼬르동 블루 설립.

2016 르 꼬르동 블루 파리가 레옹 델롬므 거리에서 보낸 30년을 뒤로 하고, 파리 15구의 세느 강변으로 이전하여 새롭게 오픈. 4,000㎡ 공간에 요리, 와인, 호텔, 레스토랑 매니지먼트 과정 운영. 또한 파리 도핀-PSL 대학과 파트너십을 맺고 두 종류의 학사과정 시작.

2018 르 꼬르동 블루 페루가 대학의 지위를 얻음.

2020 르 꼬르동 블루 125주년.

- 브라질 리우데자네이루에 르 꼬르동 블루의 시그니처 레스토랑 오픈, 온라인 상급자격 교육과정 시작.

2021 혁신과 건강에 중점을 둔 르 꼬르동 블루의 새로운 프로그램 전개. 영양, 웰빙, 비건식, 식품과학 분야 디플로마 프로그램 운영. 이 밖에도 발전을 위해 유명 대학들과 파트너십을 맺고 통합식품학 학사(캐나다 오타와 대학교 연계), 컬리너리 이노베이션 매니지먼트 석사(런던 버벡 대학교 연계), 국제 호스피탈리티&컬리너리 리더십 MBA (파리 도핀-PSL 대학 연계) 과정 운영.

LE CORDON BLEU

LE CORDON BLEU
1895
PARIS

LE CORDON BLEU
REGENCY INTERNATIONAL CENTRE
EXECUTIVE SUITE

Les instituts Le Cordon Bleu dans le monde
르 꼬르동 블루 월드 캠퍼스

르 꼬르동 블루 파리
LE CORDON BLEU PARIS
13-15, quai André Citroën
75015 Paris, France
Tel. : +33(0)1 85 65 15 00
paris@cordonbleu.edu

르 꼬르동 블루 런던
LE CORDON BLEU LONDON
15 Bloomsbury Square
London WC1A 2LS
United Kingdom
Tel. : +44(0) 207 400 3900
london@cordonbleu.edu

르 꼬르동 블루 마드리드
LE CORDON BLEU MADRID
Universidad Francisco de Vitoria
Ctra. Pozuelo-Majadahonda
Km. 1,800
Pozuelo de Alarcón, 28223 Madrid, Spain
Tel. : +34 91 715 10 46
madrid@cordonbleu.edu

르 꼬르동 블루 인터내셔널
LE CORDON BLEU INTERNATIONAL
Herengracht 28
Amsterdam, 1015 BL, Netherlands
Tel. : +31 206 616 592
amsterdam@cordonbleu.edu

르 꼬르동 블루 이스탄불
LE CORDON BLEU ISTANBUL
Özyeğin University
Çekmeköy Campus
Nişantepe Mevkii, Orman Sokak, No:13
Alemdağ, Çekmeköy 34794
Istanbul, Turkey
Tel. : +90 216 564 9000
istanbul@cordonbleu.edu

르 꼬르동 블루 레바논
LE CORDON BLEU LIBAN
Burj on Bay Hotel
Tabarja — Kfaryassine
Lebanon
Tel. : +961 9 85 75 57
lebanon@cordonbleu.edu

르 꼬르동 블루 재팬
LE CORDON BLEU JAPAN
Ritsumeikan University Biwako/
Kusatsu Campus
1 Chome-1-1 Nojihigashi
Kusatsu, Shiga 525-8577, Japan
Tel. : +81 3 5489 0141
tokyo@cordonbleu.edu

르 꼬르동 블루 코리아
LE CORDON BLEU KOREA
Sookmyung Women's University
7th Fl., Social Education Bldg.
Cheongpa-ro 47gil 100, Yongsan-Ku
Seoul, 140-742 Korea
Tel. : +82 2 719 6961
korea@cordonbleu.edu

르 꼬르동 블루 오타와
LE CORDON BLEU OTTAWA
453 Laurier Avenue East
Ottawa, Ontario, K1N 6R4, Canada
Tel. : +1 613 236 CHEF(2433)
Toll free : +1 888 289 6302
Restaurant line : +1 613 236 2499
ottawa@cordonbleu.edu

르 꼬르동 블루 멕시코
LE CORDON BLEU MEXICO
Universidad Anáhuac North Campus
Universidad Anáhuac South Campus
Universidad Anáhuac Querétaro Campus
Universidad Anáhuac Cancún Campus
Universidad Anáhuac Mérida Campus
Universidad Anáhuac Puebla Campus
Universidad Anáhuac Tampico Campus
Universidad Anáhuac Oaxaca Campus
Av. Universidad Anáhuac No. 46, Col. Lomas Anáhuac
Huixquilucan, Edo. De Mex. C.P. 52786, México
Tel. : +52 55 5627 0210 ext. 7132 / 7813
mexico@cordonbleu.edu

르 꼬르동 블루 페루
LE CORDON BLEU PERU
Universidad Le Cordon Bleu Peru(ULCB)
Le Cordon Bleu Peru Instituto
Le Cordon Bleu Cordontec
Av. Vasco Núñez de Balboa 530
Miraflores, Lima 18, Peru
Tel. : +51 1 617 8300
peru@cordonbleu.edu

르 꼬르동 블루 오스트레일리아
LE CORDON BLEU AUSTRALIA
Le Cordon Bleu Adelaide Campus
Le Cordon Bleu Sydney Campus
Le Cordon Bleu Melbourne Campus
Le Cordon Bleu Brisbane Campus
Days Road, Regency Park
South Australia 5010, Australia
Free call(Australia only) : 1 800 064 802
Tel. : +61 8 8346 3000
australia@cordonbleu.edu

르 꼬르동 블루 뉴질랜드
LE CORDON BLEU NEW ZEALAND
52 Cuba Street
Wellington, 6011, New Zealand
Tel. : +64 4 4729800
nz@cordonbleu.edu

르 꼬르동 블루 말레이시아
LE CORDON BLEU MALAYSIA
Sunway University
No. 5, Jalan Universiti, Bandar Sunway
46150 Petaling Jaya, Selangor DE, Malaysia
Tel. : +603 5632 1188
malaysia@cordonbleu.edu

르 꼬르동 블루 타일랜드
LE CORDON BLEU THAILAND
4, 4/5 Zen tower, 17th-19th floor
Central World
Ratchadamri Road, Pathumwan Subdistrict,
10330 Pathumwan District, Bangkok 10330
Thailand
Tel. : +66 2 237 8877
thailand@cordonbleu.edu

르 꼬르동 블루 상하이
LE CORDON BLEU SHANGHAI
2F, Building 1, No. 1458 Pu Dong Nan Road
Shanghai China 200122
Tel. : +86 400 118 1895
shanghai@cordonbleu.edu

르 꼬르동 블루 인디아
LE CORDON BLEU INDIA
G D Goenka University
Sohna Gurgaon Road
Sohna, Haryana
India
Tel. : +91 880 099 20 22 / 23 / 24
lcb@gdgoenka.ac.in

르 꼬르동 블루 칠레
LE CORDON BLEU CHILE
Universidad Finis Terrae
Avenida Pedro de Valdivia 1509
Providencia
Santiago de Chile
Tel. : +56 24 20 72 23
secretaria.artesculinarias@uft.cl

르 꼬르동 블루 리우데자네이루
LE CORDON BLEU RIO DE JANEIRO
Rua da Passagem, 179, Botafogo
Rio de Janeiro, RJ, 22290-031
Brazil
Tel. : +55 21 9940-02117
riodejaneiro@cordonbleu.edu

르 꼬르동 블루 상파울루
LE CORDON BLEU SÃO PAULO
Rua Natingui, 862 Primero andar
Vila Madalena, SP, São Paulo 05443-001
Brazil
Tel. : +55 11 3185-2500
saopaulo@cordonbleu.edu

르 꼬르동 블루 타이완
LE CORDON BLEU TAIWAN
NKUHT University
Ming-Tai Institute
4F, No. 200, Sec. 1, Keelung Road
Taipei 110, Taiwan
Tel. : +886 2 7725-3600 / +886 975226418
taiwan-NKUHT@cordonbleu.edu

르 꼬르동 블루 INC.
LE CORDON BLEU, INC.
85 Broad Street - 18th floor, New York, NY
10004 USA
Tel. : +1 212 641 0331

www.cordonbleu.edu
e-mail : info@cordonbleu.edu

반죽기에서 오븐까지

Du pétrin au four

La boulangerie : un métier, une passion, une ouverture sur les autres

불랑주리 : 직업, 열정, 타인을 향한 열린 자세

빵은 전 세계 여러 문화권에서 주식으로 먹는다. 밀가루와 물로 만드는 것은 다르지 않지만, 각기 다른 미식 문화권에서는 저마다 다른 고유의 빵을 발달시켰으며, 어떤 빵에는 르뱅을 넣지만 또 어떤 빵에는 넣지 않는다. 하나의 직업이 되기 전부터 제빵사의 노하우는 세대를 이어오며 전달되었고, 비밀과 발견을 거듭하였다. 이렇게 인류가 일상적으로 빵을 만들어오지 않았다면, 오늘날 우리가 알고 있는 빵의 맛과 형태는 존재하지 않을지도 모른다.

이 세계만큼이나 오래된 제빵사라는 직업은 언제나 타인을 향해왔다. 기술과 제빵 공정을 전달해왔다고 할 수 있는데, 이는 또한 철학과 역사의 전달이기도 했다. 제조 비법, 밀가루 종류, 반죽 기술, 여러 반죽의 성형법을 공유하는 것은 제빵사의 직업적 소명에서 빼놓을 수 없는 부분이다. 이렇게 지식을 전수해온 덕분에, 제빵사들은 새로운 테크닉을 개발하고 혁신적인 레시피를 만들어낼 수 있었다.

제빵사의 일은 육체노동과 감각이 필요하다. 청각, 시각, 후각, 촉각, 미각의 5가지 감각을 활용해 장인은 재료와 호흡하며 자신의 작품과 동화되어간다. 흔히 빵은 제빵사에 따라 달라진다고 한다. 실제로 반죽은 재료와 발효에 필수적인 단계를 거치면서 생명을 갖게 된다. 그런 이유에서 반죽은 다루는 사람에게 민감하게 반응하며, 같은 레시피라도 작업자, 반죽법, 반죽 관리, 굽는 방식에 따라 다른 빵이 만들어지게 된다.

서로 연결되어 있는 세상 속에서 모든 것들이 빠르게 진행되고, 사람들은 늘 긴장하면서 살아간다. 빵 만드는 일은 잠시 휴식을 취하면서 손으로 일하는 시간을 갖게 해준다. 제빵 과정에서는 최상의 맛을 즐기기 위해 모든 조급함을 버리고 인내하며, 본능의 소리에 귀를 기울여야 한다.

자신이 직접, 또는 팀을 이루어 빵을 만드는 일은 큰 즐거움을 준다. 작업하는 동안은 빵을 만들고 생명을 불어넣기 위해 잠시 물질세계에서 벗어나 현재의 바로 그 자리에 존재한다. 여기서 제빵사의 열정이 생겨난다. 반죽할 때, 성형할 때, 반죽이 부풀어오르고 이어서 오븐에 넣는 순간, 그리고 빵 냄새를 맡고 빵이 변화하는 모습을 바라볼 때의 기쁨은 진한 만족감과 자랑스러움을 선사한다.

단순한 재료를 가지고 뛰어난 레시피를 만들기 위해 제빵사는 다양한 변수에 대해 잘 알고 있어야 한다. 제빵은 경험의 직업이기 때문이다. 빵에 어떤 문제가 있는지 파악하고 최상의 결과를 내기 위한 개선방법을 알아내려면 수없이 많은 빵을 만들어보아야 한다.

직접 만들어보면서 자신감이 쌓인다. 많은 지식과 기술을 습득할수록 창의력을 자유롭게 발휘하여 새로운 맛, 형태, 조합을 담은 신제품을 개발할 수 있다. 모든 제빵사는 자신의 감각과 노하우, 재능을 표현하고 행복한 마음으로 그 작업의 결실을 주변 사람들과 공유해야 한다.

LE CORDON

Les ingrédients du pain

제빵의 재료

밀가루

제빵에 없어서는 안 되는 재료인 밀가루는 밀을 여러 단계로 제분하여 만든다. 밀에는 다양한 품종이 있으며, 그중 3종류를 주로 수확하여 사용하는데, 보통 밀이라고 부르는 연질밀, 경질밀, 반경질밀이다. 제빵 분야와 주로 관련된 밀가루는 연질밀 계열로, 다량의 전분과 유연한 글루텐을 함유하고 있다. 연질밀은 온난한 기후에서 자라며, 프랑스에서는 10~11월 사이에 파종하여 여름에 수확한다.

밀알의 구조

밀알은 알이 작고(5~9㎜), 타원형으로 납작한 면과 둥근 면이 있다. 밀알 끄트머리에는 '까끄라기'라는 가는 수염이 나 있다. 밀알은 겨층, 배아, 배유 등 3부분으로 구성된다.

- **겨층** 과피라고도 부르는 겨층은 밀알을 감싸고 있으며, 밀알 전체 무게의 13~15%를 차지한다. 과피는 겹겹이 외과피, 중과피, 내과피로 이루어져 있다. 이 겨층은 밀알을 보호하는 역할을 하고, 제분 후에는 '밀기울'이 된다.
- **배아** 밀알 무게의 2%를 차지하는 배아는 밀알 끝부분에 위치한다. 지방성분이 많기 때문에 제분과정에서 제거한다. 지방은 밀가루의 보존성을 떨어뜨린다.
- **배유** 밀알 무게의 80~85%를 차지하는 배유는 전분과 글루텐이 들어 있다. 이 배유 부분을 제분하여 밀가루를 만든다.

밀가루 성분의 대부분을 차지하는 전분은 복합당질이다. 전분이 없으면 발효가 일어날 수 없다. 제빵용 밀가루 속에는 2가지 형태의 전분 입자, 즉 온전한 전분 입자와 제분과정에서 부스러진 전분 입자가 존재하는데, 반죽과정에서 수분을 흡수하고 터뜨리는 역할을 한다. 전분은 먼저 효모에 의해 변화를 겪게 된다.

밀알에는 미세하고 유연하며 질긴 소섬유 조직을 만들어내는 단백질도 들어 있다. 반죽하는 동안 단백질은 수분을 빨아들여 부풀고 부드러워지며, 글루텐 망을 형성하기 위해 늘어난다. 이 그물망은 매우 얇고, 효모의 활동으로 발생한 이산화탄소를 반죽 속에 가두어두는 역할을 한다.

밀가루의 품질과 종류

양질의 밀가루는 제빵의 필수재료이다. 오늘날, 제분소들은 더욱 체계적인 농법으로 생산된 최상의 밀로 밀가루를 만들기 위해 밀 재배자와 긴밀히 협업하고 있다. 보완적인 특징을 지닌 다양한 밀 품종을 섞어서 제분하여 연중 일정한 품질의 밀가루를 생산한다.

밀가루는 '타입'에 따라 구분한다. 이는 밀가루 샘플을 태우고 남은 재(회분) 또는 미네랄의 비율에 따라 정해진다. 각 타입에 부여된 숫자는 그 비율에 따른 것이다. 회분율이 낮을수록 밀가루가 희고 숫자가 작다. 예를 들어, 45타입(T45) 밀가루는 가장 곱고, 가장 희고, 회분율이 가장 낮다. 반면에 150타입(T150) 밀가루는 입자가 가장 거칠고 특징이 뚜렷하며, 밀기울과 겨층이 가장 많이 남아 있다. 밀가루의 분류는 국가마다 다르기 때문에 서로 비슷한 밀가루를 찾기가 쉬운 일은 아니다.

NOTE 밀가루 타입의 숫자는 밀가루의 글루텐 함량을 뜻하는 것이 아니라, 밀가루 속의 회분 또는 미네랄 비율을 나타낸다. 글루텐 비율은 타입으로 구분하지 않고 백분율로 표기한다. 프랑스 밀가루의 경우 9~12% 사이이다.

프랑스에서 사용하는 밀가루

- **T45 밀가루** 주로 브리오슈반죽과 제과에서 사용.
- **그뤼오(Gruau) 밀가루** 강력분으로 주로 브리오슈반죽(비에누아즈리)에 사용.
- **T55, T65 밀가루** 가장 많이 쓰이는 밀가루로, 특히 일반 바게트와 프랑스 전통(트라디시옹) 바게트에 사용.
- **T80 또는 회갈색 밀가루** 주로 캉파뉴와 스페셜 빵류에 사용.
- **T110 밀가루** 반 통밀가루로 주로 스페셜 빵류에 사용.
- **T150 밀가루** 밀기울이 많이 들어 있는 통밀가루로, 통밀빵이나 밀기울빵에 주로 사용한다. T150 완전 통밀가루에는 밀알 겨층, 배유, 배아 전체가 들어 있다.

제빵에서 가장 많이 쓰는 밀가루는 T65이다. 프랑스의 전통 밀가루는 엄선한 밀 품종으로 만드는 T65 밀가루로, 1993년 지정된 빵에 관한 법령을 준수하여 만든다. 이 법령에 따라 제빵사가 빵맛을 좋게 하고 품질을 개선하기 위한 첨가물을 쓰지 않았음을 보증하는 밀가루로 전통빵을 만들어야 한다.

몇 년 전부터 고대의 밀 품종으로 만든 새로운 밀가루가 점점 더 많이 쓰이고 있다. 루즈 드 보르도(Rouge de Bordeaux), 투셀 드 마양(Touselles de Mayan) 등인데, 이 '고대 품종' 밀가루들은 섬유질이 풍부하고 글루텐 함량은 적어 장시간 반죽을 견디지 못한다. 이 밀가루들로 만드는 빵은 소화가 더 잘 되고 혈당지수는 더 낮기 때문에 건강에 좋다는 장점이 있다.

기타 곡물가루

- **호밀가루** 글루텐이 적으며, T130과 T170이 있다.
- **메밀가루** '검은 밀가루'라고도 불리며, 글루텐이 없다.
- **옥수수가루** 글루텐이 없어 제빵에 단독으로 쓸 수는 없다.
- **보릿가루** 특정 음식(죽, 갈레트 등)을 만드는 데 주로 쓰인다.
- **몰트** 주로 발아시킨 보리(다른 곡물 사용 가능)로 만들며 제빵에서 보조 역할을 한다. 힘이 부족한 반죽이나 메밀처럼 글루텐이 없는 가루로 만든 반죽에 소량 첨가할 수 있다.
- **맥주박가루** 맥주 양조 후 나오는 몰트 잔여물로 만든다. 잔여물을 말린 다음 갈아서 가루로 만들며, 단백질과 섬유질, 미네랄이 풍부하다. 위의 가루들처럼 제빵에 쓸 수 있는 곡물가루에 소량 섞어 쓰는 재료이다.
- **귀리, 스펠트, 쌀, 밤, 병아리콩, 호라산 밀가루 외 다양한 가루들** 이 가루들은 글루텐이 없으므로 적은 비중으로 사용한다. 반죽에 결함이 생기지 않도록 보통 전체 가루재료 무게의 10~30% 비율로 사용한다.

효모

효모는 다양한 형태로 존재한다. 제빵에서 가장 흔히 사용하는 것은 생이스트로, 발효과정을 일으키는 미세균류 사카로마이세스 세레비지애(*Saccharomyces cerevisiae*)이다. 물, 밀가루, 이스트를 섞으면 효모가 밀가루에 들어 있는 다양한 형태의 당을 섭취하고 이산화탄소를 내뿜으며 발효를 일으킨다.

효모의 종류

- **생이스트** 부서지기 쉬운 질감과 좋은 냄새가 나는 크림색의 블록형태로 제공한다.
- **인스턴트 드라이 이스트** '동결건조 이스트' 또는 '드라이 이스트'라고도 한다. 생이스트가 없으면 일반적으로 드라이 이스트를 분량의 절반만 사용한다.
- **활성 드라이 이스트** 알갱이나 펄 형태로 판매된다. 인스턴트 드라이 이스트와 달리 사용 전 물에 넣어 활성화시켜야 한다.

레시피에서 이스트 사용량

이스트 사용량은 여러 요인에 따라 달라질 수 있다.

- **기후** 겨울에는 여름보다 이스트를 조금 더 사용한다. 덥고 습한 나라에서는 이스트의 양을 줄인다.
- **제품** 반죽에 유지성분을 더할수록 반죽이 무거워지기 쉬우므로 이스트의 양을 늘릴 필요가 있다.
- **제빵 공정** 단시간 작업은 장시간 작업보다 더 많은 이스트가 필요하다.

보관

생이스트는 4~6℃의 냉장고에 보관한다. 0℃ 이하에서는 세포가 손상되고 발효력이 감소한다. 50℃ 이상에서는 세포가 파괴되어 사용할 수 없게 된다. 이스트는 소금, 설탕과 직접 닿으면 효력이 떨어지므로 주의한다.

물

제빵에서 물은 모든 화학반응을 일으키는 역할을 한다. 반죽 도중에 효모를 증식시키고 글루텐이 수분을 흡수하게 하는 것도 물이다.

수질은 중요하다. 경도가 높은 물은 글루텐 망을 촘촘하게 만들어 발효를 촉진한다. 또한 물은 반죽밀도에도 영향을 미친다. 같은 밀가루라도 사용하는 물의 비율에 따라 반죽밀도가 달라진다. 수분율에 따라(p.30 참조) 반죽은 3종류로 나뉜다.

- **무른 반죽(고수율)** 밀가루 대비 수분비율이 70% 이상인 반죽. 무른 반죽은 1차발효를 충분히 길게 하여 힘과 모양을 잡는다(예 : 팽 드 로데브).
- **바타르반죽** 중간 반죽으로 수분율은 62% 정도이다. 성형이 매우 쉽다(예 : 팽 드 캉파뉴).
- **단단한 반죽** 수분율 45~60% 반죽이다(예 : 사전발효반죽을 사용하지 않은 기본 바게트).

소금

소금은 제빵에서 여러 중요한 역할을 담당한다. 반죽의 신장성(반죽이 늘어나는 성질), 점착성에 영향을 주고, 발효가 균일하고 일정하게 진행되도록 돕는다. 소금은 빵의 크러스트와 색에도 영향을 미친다. 크러스트를 더 얇고 바삭하게 하며, 색을 더 진하게 만든다(소금이 들어가지 않은 빵은 언제나 색이 더 옅다).

마지막으로, 소금은 흡습성이 있어 빵의 보존성을 향상시킨다. 건조한 날씨에 소금은 빵이 마르고 크러스트가 딱딱해지는 것을 지연시켜 보존에 도움을 준다. 습한 날에는 소금이 크러스트를 쉽게 물러지게 만들어 빵의 노화를 가속화시킨다.

바닷소금은 고운 소금으로 얼마든지 대체하여 사용할 수 있다.

기타 재료들

- **유지** 빵의 기공을 더 섬세하게, 크러스트를 부드럽게 만들며, 보존기간을 연장시킨다. 가장 많이 사용하는 유지성분은 버터와 오일이다.
- **설탕** 발효를 촉진하고 맛과 색을 낸다. 보존에도 효과적이다.
- **달걀** 반죽을 유연하게 한다. 빵 속살은 더 부드럽고 진한 색이 나며 볼륨이 생긴다.
- **우유 또는 크림** 우유와 크림은 반죽을 묵직하게 만들고, 발효를 늦추며, 빵을 더 고르고 균일하게 부풀린다. 그러므로 경우에 따라서 이스트의 양을 늘려서 사용할 필요도 있다.

반죽의 수분율

수분율은 레시피에서 물의 양을 말한다. 백분율로 나타내며 보통 50~80% 사이다(p.29 물 참조). 그러나 사용하는 밀가루 종류에 따라 반죽의 수분율은 훨씬 더 높아질 수도 있다.

반죽의 수분율은 여러 요인에 따라 달라진다

- **밀가루의 제빵성과 글루텐 함량** 글루텐의 양은 반죽의 수분율에 결정적인 역할을 하는데, 글루텐의 흡습력이 상당히 크기 때문이다. 실제로 글루텐은 무게의 3배에 달하는 물을 흡수한다.
- **밀가루의 습도** 16%를 넘으면 안 된다.
- **밀가루의 타입** 통밀에 가까울수록 제분율이 높은 백밀가루에 비해 수분을 더 많이 흡수하는데, 이는 섬유질 때문이다.
- **제빵실의 습도** 반죽의 수분율은 습도에 따라 달라진다. 고수율 반죽은 건조한 환경에서 작업하는 반면, 단단한 반죽은 습한 환경에서 다루어야 한다.

기본온도

모든 제빵사는 매일 일정한 품질의 빵을 생산하기 위해 노력한다. 최상의 발효를 위해 반죽은 최종온도(믹싱 종료 시점) 23~25℃, 1차발효를 장시간 진행한 경우 20~22℃가 되어야 한다. 이 온도를 맞추기 위해 작업자가 조정할 수 있는 유일한 요소는 반죽기에 넣는 물온도이다.

믹싱이 끝났을 때 원하는 완성온도를 맞추기 위해 제빵사는 제품마다 레시피에 '기본온도'를 설정해놓는다. 기본온도의 개념을 이해하면 반죽에 넣어야 하는 물온도를 계산할 수 있다.

기본온도는 전문 제빵사들이 반죽기의 종류, 믹싱시간과 강도에 따라 정한다. 손반죽의 경우 기본온도를 더 올려야 하는데, 손은 반죽기에 비해 반죽온도가 덜 올라가기 때문이다. 또한 호밀빵처럼 반죽의 글루텐 함량이 낮은 경우에도 기본온도를 올려서 정한다.

물온도 계산법

물온도를 계산하기 위한 공식은 간단하다. 기본온도만 알면 되는데(일반적으로 제빵 레시피에 명시되어 있다), 여기에 상온과 밀가루 온도가 필요하다.
예를 들어, 기본온도가 75인 레시피라면, 상온(21℃)과 밀가루 온도(22℃)를 더한 다음, 기본온도에서 그 합계를 빼면 된다.

계산 과정은 다음과 같다

21+22=43

75-43=32

그러므로, 믹싱 마무리에서 최종온도를 23~25℃로 맞추기 위한 물온도는 32℃이다.

Les méthodes de préfermentation

사전발효반죽

제빵에서 사용하는 사전발효 방식에는 발효반죽(파트 페르망테), 이스트 르뱅, 풀리시뿐만 아니라 매일 리프레시(먹이주기)를 해야 하는 르뱅 리퀴드, 르뱅 뒤르 등 여러 유형이 존재하며, 그 특징이 분명하다. 이 반죽들은 미리 생이스트나 천연효모를 사용해 만들어두며, 빵 반죽 재료로 넣는다.

사전발효반죽은 발효를 가속화시키고, 반죽시간과 2차발효시간을 줄여주는 장점이 있다. 사전발효반죽을 사용하여 만든 빵은 풍미가 더 진하고 기공이 많이 생기며, 영양소와 소화 면에서 다른 빵보다 우수하고, 보존기간도 더 길다.

Poolish

풀리시

풀리시는 밀가루, 물, 이스트로 만든다. 같은 양의 밀가루와 물을 사용하는 만큼 수분율이 매우 높다. 풀리시를 사용한 발효는 제빵 작업과 맛에서 장점이 있다. 반죽할 때 반죽의 탄성과 힘을 증가시키며, 2차발효 중에 발효 허용성(발효를 견디는 힘)도 늘어난다.

풀리시 제법으로 만든 빵은 풍미가 매우 진하고, 빵 속살이 크림색을 띠며, 아주 많은 기공과 바삭한 크러스트가 생긴다. 보존기간도 더 긴 편이다.

사용법 풀리시에는 프랑스식과 비엔나식(비에누아)이 있다. 이들은 조정수(바시나주)에 사용하는 물의 양에 따라 구분된다. 프랑스식 풀리시는 전체 반죽에 사용하는 물양의 50%가 들어가기 때문에 '하프 풀리시(half poolish)'라고도 한다. 비에누아 풀리시는 전체 반죽에 사용하는 물양의 80%가 들어간다.

일부 특별한 빵들의 경우에는 밀가루 대신 같은 양의 다른 곡물가루로 대체하여 사용하기도 한다. 생이스트 사용량은 발효 시간에 따라 달라진다.

풀리시 200g 분량

난이도

작업 3분(전날) **냉장** 12시간

물 100g • T65 밀가루 100g
생이스트 1g

- 전날, 재료를 준비한다(**1**). 볼에 물, 밀가루, 잘게 부순 이스트를 넣고 거품기로 잘 섞는다(**2**).
- 스패출러로 볼 벽면을 긁어 정리한다. 랩으로 덮어 12시간 냉장한다(**3**).
- 다음 날, 풀리시에 기포가 생겼다(**4**). 최종 레시피 분량에서 물을 조금 덜어내서 볼 벽면의 풀리시를 긁어낸 다음(**5**), 최종 믹싱을 할 반죽에 넣는다(**6**).

풀리시 만들기

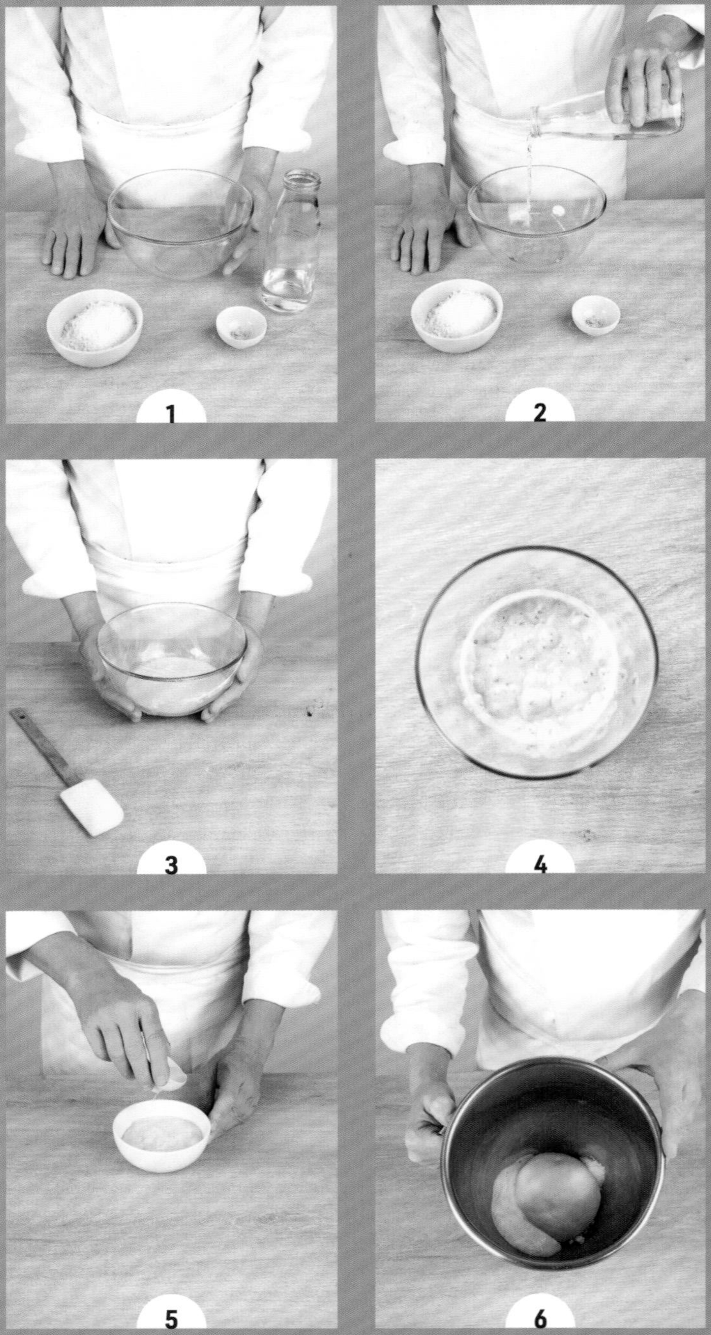

1

2

3

4

5

6

Pâte fermentée

발효반죽

파트 페르망테(발효반죽)는 가장 만들기 쉬운 사전발효반죽의 하나다. 글루텐 망을 강화하며, 바삭하고 진한 색깔의 크러스트를 만든다. 발효반죽에 들어 있는 소금은 산도를 조절하고 효모의 증식을 도우며, 빵에 가벼운 산미와 독특한 과일 풍미를 만든다.

사용법 발효반죽은 빵 레시피에 사용되며, 동일한 기본 재료인 이스트, 밀가루, 물, 소금으로 만든다. 비에누아즈 발효반죽은 주로 비에누아즈리 계열 레시피에 사용되며, 우유와 유지성분이 더 들어 있다.

사용량 최종 믹싱에서 사용하는 발효반죽의 양은 밀가루 무게의 10~50% 정도이다.

발효반죽 520g 분량

난이도 ○

작업 10분(전날) **냉장** 12시간

생이스트 3g • 찬물 192g
프랑스 전통 밀가루 320g • 소금 5g

- 전날, 믹싱볼에 물에 푼 이스트를 먼저 넣고 밀가루, 소금을 넣는다. 저속으로 10분 믹싱한다.
- 반죽을 꺼내 둥글린 다음 볼에 담는다. 랩으로 덮어 다음 날까지 냉장한다.

비에누아즈 발효반죽 457g 분량

난이도 ○

작업 8분(전날) **냉장** 12시간

물 80g • 우유 50g • T45 밀가루 125g • T55 밀가루 125g
소금 5g • 생이스트 17g • 설탕 30g • 드라이버터(차가운) 25g

- 전날, 믹싱볼에 물, 우유, 밀가루 2종류, 소금, 이스트, 설탕, 버터를 넣는다. 저속으로 4분 돌려 반죽을 균일하게 섞은 다음, 고속으로 4분 돌려 반죽에 충분한 탄성을 만든다.
- 반죽을 꺼내 둥글린다. 랩으로 덮어 적어도 다음 날까지 냉장한다.

Levain-levure

이스트 르뱅

이스트 르뱅은 생이스트, 밀가루, 물을 사용해 빨리 만들 수 있는 르뱅으로 단단한 형태이다. 이스트 사용량은 발효시간에 따라 달라지며, 보통 이스트 르뱅이 들어가면 최종 레시피에서는 이스트를 따로 넣지 않는다.

이스트 르뱅은 빵에 끈기와 힘을 주고 일정한 모양을 만들어주며, 빵을 부드럽게 만드는 역할도 한다. 보존기간도 더 길어진다. 생이스트의 사용량 때문에 이스트 르뱅은 수명이 짧은 편인데, 만약 이스트 르뱅이 본반죽에 들어가기 전에 너무 오래 기다리면 과발효가 일어나게 된다.

사용법 이스트 르뱅 제법은 보통 글루텐 함량이 낮은 가루류와 함께 사용하거나, 반죽을 무너뜨리는 경향이 있는 설탕과 지방 함량이 높은 비에누아즈리 제품, 또는 일부 특산빵을 만드는 데 사용한다.

사용량 최종 믹싱에 사용하는 이스트 르뱅의 양은 일반적으로 밀가루 무게의 5~40%이다.

이스트 르뱅 350g 분량

난이도 ○

작업 3분 **발효** 1시간

물 120g • T65 밀가루 200g • 생이스트 30g

- 믹싱볼에 물, 밀가루, 잘게 부순 이스트를 넣고 휘퍼로 잘 섞는다.
- 랩으로 덮어 상온에서 1시간 발효시킨다.

Levain naturel

천연발효종

생이스트 없이 르뱅을 만들기 위한 방법으로 천연발효종(르뱅 나튀렐)을 선택할 수 있다. 천연발효종은 생이스트에서 나오지 않은 효모에 의해 발효가 일어난다. 이를 위해 포도나 사과를 숙성시켜 얻은 발효액을 르뱅 리퀴드의 베이스 르뱅(셰프 또는 스타터라고 부른다)에 넣는다. 효모의 발효활동을 눈으로 확인하기까지는 며칠이 걸린다. 주로 포도와 사과를 사용하는데, 껍질이 미생물을 공급하면서 보조 르뱅의 역할을 하기 때문이다.

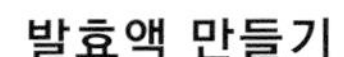

발효액 만들기

난이도 🍞

작업 5분(4~5일 전)

건포도 또는 유기농 사과(껍질과 씨를 제거하지 않고 조각으로 자른) 100g • 물

- 볼에 과일을 넣고 잠기도록 물을 붓는다. 랩으로 덮어 따뜻한 곳에 두고 4~5일 기다린다.
- 잠겨 있던 과일을 걸러내고 액체만 받는다. 르뱅 리퀴드를 만들 때 사과즙 대신에 이 발효액을 사용할 수 있다.

Levain liquide

르뱅 리퀴드(젖산발효)

르뱅 리퀴드는 상대적으로 높은 온도에서 며칠에 걸쳐, 먼저 만들어둔 반죽 속의 당을 효소 분해하여 만들어진다. 젖산발효라고도 한다. 박테리아가 반죽 안에서 가스를 생성하지 않는다.

르뱅 리퀴드를 만들 때는 밀가루 선택이 중요하다. 보통 맷돌 제분 밀가루나 통밀가루를 쓰는데, 이 밀가루에는 밀알 겉껍질(외과피)의 일부가 포함되어 있어서 르뱅이 만들어지는데 필수적인 박테리아를 보강해주기 때문이다. 다른 밀가루에 비해 르뱅에 필요한 영양소도 더 풍부하다.

유지 빵을 자주 만든다면 르뱅 리퀴드(젖산발효)는 매일 새로 밀가루를 보충하는 리프레시(먹이주기)를 해야 한다. 즉, 4일째의 작업(p.35 참조)을 반복하여 밀가루와 물을 보충해야 한다. 밀가루 속 당은 야생효모의 발달을 돕고, 물은 습기를 제공해 효모 성장을 돕는다. 르뱅 리퀴드를 매일 사용하지 않는다면, 냉장고에 보관하면서 사용하기 2일 전에 리프레시한다.

보관 르뱅 리퀴드는 산화 위험이 더 높고, 따라서 유지가 더 어렵다. 사용 전 냉장고에 3일까지 보관할 수 있다. 여전히 살아있기에 냉동했다가 3일 후에 꺼내 쓸 수도 있다.

사용량 사용할 준비가 된 르뱅 리퀴드를 최종 믹싱에 넣는다. 사용량은 밀가루 무게의 20~50%이다.

르뱅 리퀴드 만들기

르뱅 리퀴드 2.3㎏ 분량

난이도 ♧♧♧

작업 4일

1일째 : 스타터(셰프)
T80 맷돌 제분 밀가루 100g • 꿀 35g
유기농 사과즙(또는 천연발효종을 만들기 위한 포도나 사과 발효액) 35g
50℃ 물 50g

2일째 : 셰프 르뱅(1번째 리프레시)
스타터 220g • 40℃ 물 220g
T80 맷돌 제분 밀가루 220g

3일째 : 셰프 르뱅(2번째 리프레시)
셰프 르뱅(1번째 리프레시 분량) 660g • 40℃ 물 660g
T80 맷돌 제분 밀가루 660g

4일째 : 르뱅 완성(르뱅 리퀴드)
셰프 르뱅(2번째 리프레시 분량) 300g • 40℃ 물 1㎏
T65 밀가루 1㎏

- **1일째** 모든 재료를 준비한다. 큰 볼에 밀가루, 꿀, 사과즙, 물을 넣고 거품기로 섞는다. 병에 담고 뚜껑을 덮어서 35℃에 24시간 둔다(**1**).
- **2일째** 스타터를 꺼내 물과 밀가루를 더 넣고 거품기로 섞는다. 뚜껑을 덮어서 30℃에 18시간 둔다(**2**).
- **3일째** 전날의 셰프 르뱅을 꺼내(**3**) 물과 밀가루를 더 넣고 거품기로 섞는다. 뚜껑을 덮어서 28℃에 18시간 둔다(**4**).
- **4일째** 전날의 셰프 르뱅을 꺼내 물과 밀가루를 더 넣고 거품기로 섞는다. 뚜껑을 덮어서 28℃에 3시간 둔다(**5**). 이제 사용할 수 있는 르뱅 리퀴드가 완성되었다(**6**).

Levain dur

르뱅 뒤르

르뱅 뒤르는 4일에 걸쳐 준비한 르뱅 리퀴드(젖산발효)로 만든다. 르뱅 뒤르는 수분 함량이 더 적기 때문에 혐기성 환경에서 아세트산이 발달하기 좋은 조건이 만들어진다. 르뱅 뒤르는 르뱅 리퀴드(젖산발효)에 비해 수분 함량이 50% 정도 적다. 르뱅 뒤르가 만들어지는 동안 낮은 온도 때문에 아세트산과 이산화탄소가 배출된다. 르뱅 뒤르는 빵맛을 더 진하게 만드는 역할을 하며, 사용한 밀가루의 자연스러운 풍미를 살려준다. 빵 속살에 색이 잘 나며, 크러스트가 도톰하게 만들어져 입안에 긴 여운을 남기는 동시에 씹는 맛을 더 많이 느낄 수 있다.

사용법 르뱅 뒤르는 캉파뉴류, 반통밀빵, 호밀빵, 맷돌 제분 밀가루를 사용한 빵 등 주로 '특징이 뚜렷한' 빵에 사용한다.

유지 르뱅 뒤르를 유지하려면 리프레시를 매일 하는 것이 좋다. 이를 위해 전날의 르뱅 뒤르에서 덜어낸 500g에 T80 맷돌 제분 밀가루 1kg과 물 500g을 섞는데, 가정에서는 더 적은 양으로 먹이주기를 해도 된다.

보관 르뱅 뒤르는 리프레시 없이 냉장고에서 3~4일, 또는 냉동 보관이 가능하다. 르뱅 뒤르 균주를 냉동고에 보관해두면, 르뱅을 만들면서 문제가 생겼을 때 꺼내서 다시 사용할 수 있다.

사용량 최종 믹싱에 사용하는 르뱅 뒤르의 양은 보통 밀가루 무게의 10~40%이다.

르뱅 뒤르 1kg 분량

난이도 ♡♡♡

작업 3분 **발효** 3시간

르뱅 리퀴드 250g(p.35 참조) • 40℃ 물 250g • T80 맷돌 제분 밀가루 500g

- 믹싱볼에 르뱅 리퀴드, 물, 밀가루를 넣는다(**1**)(**2**). 저속으로 3분 섞는다. 볼에 옮겨 담고 랩을 씌운다(**3**). 상온에 3시간 두었다가 르뱅을 사용한다. 휴지시킨 후 르뱅을 바로 사용하지 않는다면 냉장보관한다(**4**). 냉장고에 넣은 르뱅에서는 아세트산이 계속 생성된다.

NOTE 맷돌 제분 밀가루 대신 연질 밀가루(프로망)로 리프레시를 할 수도 있다. 호밀 르뱅 뒤르의 경우 T80 맷돌 제분 밀가루 대신 T170 호밀가루를 사용한다.

르뱅 뒤르 만들기

르뱅 리퀴드와 르뱅 뒤르의 질감

1 르뱅 리퀴드(왼쪽)와 르뱅 뒤르(오른쪽) 비교.

2 르뱅 뒤르의 질감.

La fermentation
발효

루이 파스퇴르는 이렇게 말했다. "발효는 산소 없는 미생물의 생활이다." 발효는 분해과정으로, 최상의 발효를 위해서는 설탕과 전분의 도움과 미생물(효모)이 필요하며, 이를 통해 발효 부산물(에탄올, 이산화탄소, 열)을 얻을 수 있다.

다양한 발효 유형

반죽의 품질은 발효 유형에 따라 달라진다. 제빵사는 제법, 정해진 시간, 만들고 싶은 맛에 따라 발효방식을 선택한다.

- **젖산발효(르뱅 리퀴드)** 단순당이 젖산과 열로 변환하는 과정으로 가벼운 우유향이 난다(예 : 르뱅 리퀴드를 사용한 바게트).
- **알코올발효(생이스트)** 단순당이 알코올과 이산화탄소로 변환하는 과정이다(예 : 크루아상).
- **아세트산발효(르뱅 뒤르)** 에탄올이 아세트산으로 변환하는 과정으로 가벼운 신맛이 난다(예 : 팽 드 뮐).

제빵 공정에서 발효시간

1차발효 또는 '푸앵타주(pointage)'에서는 반죽의 질감과 관련된 물리적 특성이 발달하기 시작하여 점점 강화된다.

2차발효 또는 '아프레(apprêt)'에서는 가스가 발달하며, 빵에 균형잡힌 구조와 기공이 형성된다. 상온(20~23℃)에서는 아프레를 촉진시켜 발효가 쉽게 일어난다. 만일 푸앵타주가 길었다면 아프레는 상대적으로 짧아진다.

빵을 언제 구울지 결정하는 것은 매우 중요하다. 사실, 반죽의 가스가 최대한 발달해야 하면서도(부피가 초기에 비해 2~3배 커진다) 정해진 한계를 넘어서는 안 된다. 그렇지 않으면 굽는 과정에서 반죽이 무너지고 만다. 또한 반죽이 오븐에 들어간 후에도 오븐의 열로 발효가 몇 분 동안 지속되어 효모의 세포가(50℃에 도달하여) 파괴될 때까지 계속된다.

발효에 영향을 미치는 요인

- **반죽의 수분율** 반죽의 수분이 불충분하면 발효가 둔화된다.
- **반죽온도** 발효는 반죽온도가 상승하면 빨라진다. 보통 믹싱이 끝났을 때 반죽온도는 23~25℃이다. 일반적인 발효 제법에서는 24℃, 장기 1차발효에서는 20~22℃가 기준이다.
- **반죽의 산도** 1차발효에서부터 자연적으로 반죽에 산미가 생기기 시작한다. 반죽의 산도가 지나치게 올라가면 발효가 잘 진행되지 않는다. 반죽의 산미는 사용한 사전발효반죽의 품질과 관련이 있다. 예를 들어, 르뱅이 과도하게 발효되었다면 반죽에서 강한 신맛이 난다.
- **외부요인** 제빵실의 온도는 반죽의 발효에 영향을 미친다. 더우면 발효를 가속화시키고, 추우면 지연시킨다. 제빵실의 이상 온도는 20~25℃이다.

Les grandes étapes de la fabrication du pain

제빵의 주요 공정

믹싱

믹싱은 빵의 재료, 즉 밀가루, 물, 이스트, 소금을 순서대로 섞어 균일하고 매끈한 반죽을 만드는 과정이다. 이스트를 골고루 섞어야 글루텐 망이 발달한다.

손반죽과 기계반죽

손반죽은 다음 단계를 거친다.

- **프라자주(frasage)** 재료 혼합. 밀가루, 물, 이스트, 소금을 골고루 섞는다.
- **자르기** 스크래퍼로 반죽을 잘라서 글루텐 망이 만들어지게 한다.
- **치대기와 접기** 반죽을 옆으로 잡아당긴 다음 빠른 동작으로 접어 최대한 공기가 들어가게 한다. 이 동작을 여러 번 반복한다.

기계반죽은 다음 단계를 거친다.

- **프라자주** 섞기. 손반죽과 동일하며, 반죽이 튀지 않게 믹서를 저속으로 돌린다.
- **본반죽(믹싱)** 손반죽 단계(자르기와 치대기)를 기계가 동일하게 진행한다.
- **접기** 믹싱 마무리에 꼭 필요한 단계로, 공기를 집어넣고 글루텐 망을 안정시키며 반죽의 힘을 보강한다.

믹싱 방법

주요 믹싱 방법에는 2가지가 있다. 최상의 반죽을 만들기 위해 제빵사는 원하는 빵의 특성에 따라 믹싱 방법을 선택한다. 예를 들어, 기공이 많은 트라시디옹 바게트를 만들기 위해서는 저속 믹싱 방식을 우선적으로 사용한다. 반대로, 빵 속살의 밀도가 높고 조직이 촘촘한 팽 드 캉파뉴에는 개선 믹싱 방식을 적용한다.

- **저속 믹싱** 반죽기를 저속으로 10분 돌린다. 저속 믹싱은 반죽에 힘이 너무 많이 생기지 않게 하는 방식으로, 반죽의 산화를 줄이고 맛과 색이 진한 빵 속살을 만드는 것이 목적이다. 이렇게 만든 반죽은 더 유연하고, 힘이 부족하기 때문에 더 긴 발효 시간이 필요하다. 빵 속살에 아름다운 기공이 불규칙하게 생기고, 굽는 동안 부피가 덜 커지며, 더 얇은 크러스트가 생긴다.
- **개선 믹싱** 믹서를 저속으로 4분, 중속으로 5분 돌린다. 가장 많이 쓰이는 믹싱 방법으로, 더 촘촘한 글루텐 망을 형성하고 빵에 보기 좋은 부피감을 만들어준다. 빵 속살의 밀도가 더 높고, 가벼운 기공이 생기며, 크러스트는 더 두툼하다. 캉파뉴나 콩플레 타입의 빵에 추천하는 방법이다.

오토리즈

오토리즈(Autolyse)는 밀가루의 수분 흡수를 도와 글루텐 망을 유연하게 만든다. 따라서 오토리즈 제법을 사용하면 밀가루가 물을 더 잘 흡수하여 반죽의 수분율을 높일 수 있다(조정수 사용). 이는 기공 발달을 촉진한다.

오토리즈 제법을 시작하기 위해서는 먼저 밀가루와 물을 섞어 저속으로 4분 믹싱한다. 만들어진 반죽을 그대로 30분~48시간 휴지시킨 다음, 소금과 이스트 또는 르뱅을 넣는다.

반죽시간이 줄어드는 만큼(밀가루와 물이 이미 섞여 있기 때문) 산화가 덜 일어나서 반죽의 신장성이 좋아지고 다루기 쉬우며, 더 매끈해진다. 손에 덜 달라붙기 때문에 보다 쉽게 작업할 수 있다. 마지막으로, 더 섬세하고 뚜렷한 쿠프(칼집)를 내는 데 도움이 된다.

1
2
3
4
5
6
7
8
9

손으로 반죽하기

- 작업대에 밀가루를 올리고 가운데에 움푹하게 우물모양을 만든다(**1**). 우물 안에 잘게 부순 이스트를 넣고 물을 부어 풀어준다(**2**). 소금을 넣는다(**3**).
- 손가락으로 원을 그리면서 밀가루를 조금씩 가운데로 가져와 섞는다(**4**).
- 밀가루, 물, 이스트, 소금을 균일하게 섞고(프라자주), 이어서 본반죽을 시작한다. 반죽을 공모양으로 만들어 짓누르고 접은 다음, 다시 공모양으로 만들어 짓누르기를 반복한다(**5**).
- 반죽이 균일하게 섞이면, 반죽을 스크래퍼로 끊듯이 잘라서 다시 치대 글루텐 망이 빨리 형성되게 한다(**6**). 반죽을 끊기가 어려워질 때까지 반복한다.
- 손으로 반죽을 던졌다가 곧이어 잡아당기며 치댄 후, 재빨리 접어서 반죽에 공기가 최대한 많이 들어가게 한다(공기 집어넣기). 반죽이 매끈해지고 덜 끈적거릴 때까지 이 동작을 여러 번 반복한다(**7**)(**8**).
- 반죽이 완성되면 공모양으로 둥글린다(**9**).

바시나주(Bassinage)

믹싱 마지막 단계에서 수분율이 충분히 높지 않은 반죽에 소량의 액체, 보통 물(조정수)을 보충하는 방법이다. 반죽이 유연해지고 글루텐 망이 안정된다. 모든 반죽에 조정수를 사용하지는 않는다. 특히 힘이 부족한 반죽, 예를 들어 글루텐 함량이 낮은 가루재료가 들어간 반죽에는 적합하지 않다.

1차발효

믹싱 종료 후 반죽 분할 전까지의 발효과정을 말한다. 반죽에 힘을 주는 역할을 하며, 글루텐의 물리적 변형으로 정의된다. 이때 글루텐의 점도와 탄성은 증가하고 신장성은 줄어들며, 발효를 통해 아로마가 발달한다. 부드러운 반죽은 발효시간이 길어지는 반면, 반죽이 단단하면 1차발효는 짧아진다.

펀칭

반죽을 잡아당긴 다음 포개어 접는 작업이다. 펀칭을 할 때는 반죽의 가장자리를 당겨서 가운데로 접어 가스를 뺀 다음, 뒤집어서 매끈한 면이 위로 가고 이음매가 아래로 가게 한다. 이 과정을 통해 공기를 집어넣고, 이산화탄소와 알코올을 빼며, 반죽을 매끈하게 하여 다시 발효에 들어간다.

펀칭의 목적은 글루텐 섬유를 늘여 글루텐 망이 더 만들어지게 하는 것이다. 그 결과, 반죽의 탄성은 증가하고 형태는 일정해지며, 발효가 골고루 일어나 반죽에 힘이 더 잘 퍼진다.

분할

1차발효가 끝나면 보통 반죽을 일정한 무게의 작은 반죽으로 나눈다.

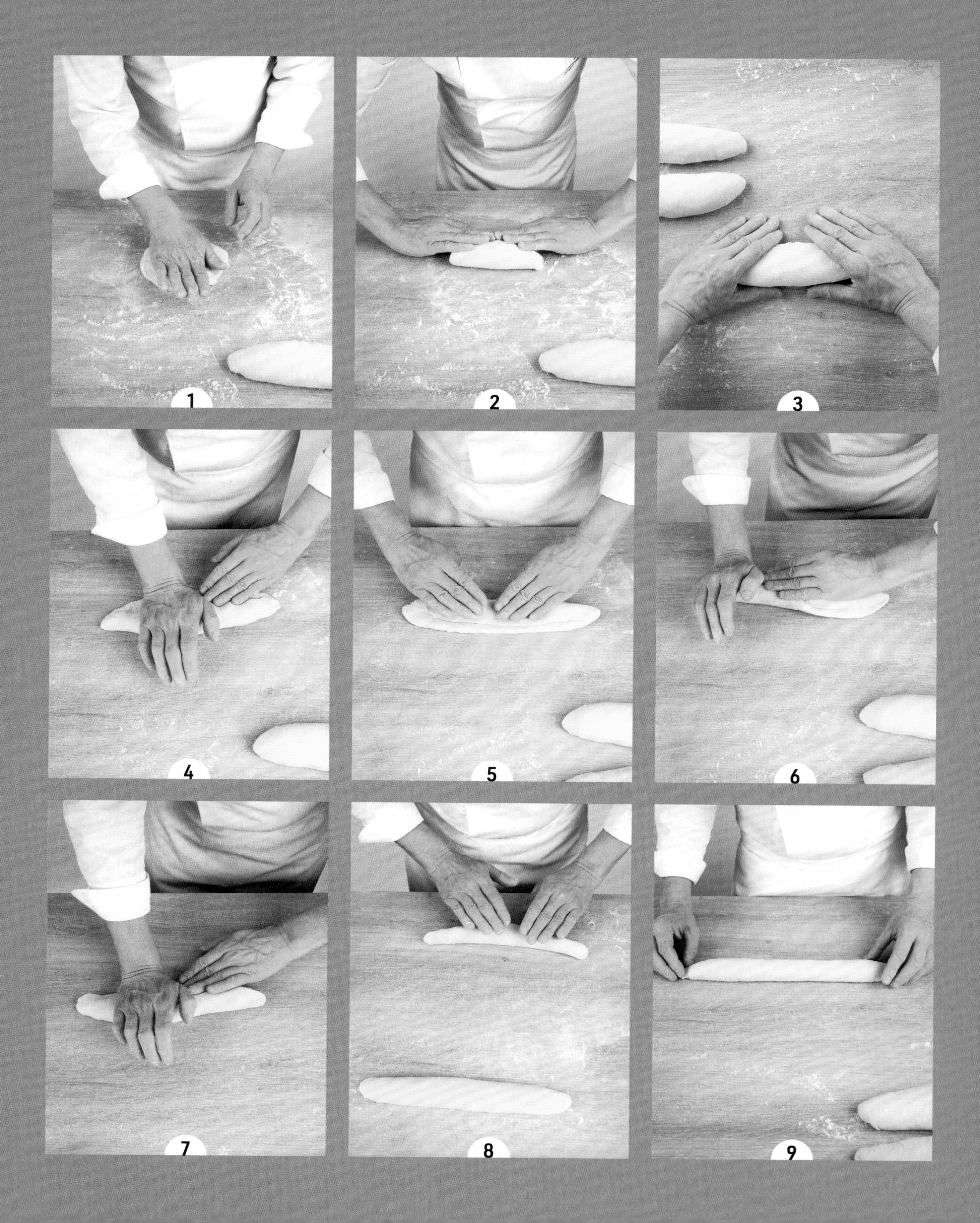
1
2
3
4
5
6
7
8
9

가성형과 긴 모양의 빵 성형

- 작업대 위에 분할한 반죽을 매끈한 면이 아래로 가게 놓은 다음, 손바닥으로 눌러 가스를 뺀다(**1**).
- 반죽의 위쪽 1/3을 가운데를 향해 접고 손가락으로 끝부분을 누른다. 반죽을 180° 돌려서 반대편 1/3을 가운데를 향해 접고 손바닥으로 끝부분을 누른다(**2**).
- 반죽의 긴 방향을 따라 반으로 접고, 손바닥 아랫부분으로 눌러 이음매를 붙인 다음 아주 가볍게 굴려 타원형으로 만든다(**3**). 반죽은 이와 같이 긴 모양으로 가성형한다.
- 휴지시킨 다음, 다시 반죽의 매끈한 면이 아래로 가게 놓고 손바닥으로 반죽을 눌러 가스를 뺀다. 반죽의 위쪽 부분을 가운데를 향해 접고 손바닥 아랫부분으로 누른다(**4**).
- 반죽을 180° 돌려서 위쪽 부분을 가운데를 향해 접는다. 손바닥 아랫부분으로 누른다.
- 긴 방향을 따라 반죽을 반으로 접는다(**5**). 손바닥 아랫부분으로 눌러 반죽의 양끝이 붙은 이음매를 완전히 붙인다(**6**)(**7**).
- 바게트모양으로 성형하려면, 반죽을 앞뒤로 굴리면서 중심에서 바깥쪽으로 밀어 길게 늘인다(**8**)(**9**).

가성형(모양잡기)

가성형은 제품 성형을 쉽게 하기 위해 미리 반죽의 모양을 잡는 과정이다. 분할한 반죽의 불규칙한 모양을 정리하고 본성형 형태에 맞게 준비한다. 이때 반죽에 지나치게 힘을 주면 안 된다.

바게트와 긴 모양의 빵은 분할 반죽을 긴 모양으로, 바타르나 길이가 짧은 빵, 소형빵은 둥글리기로 가성형한다.

무르거나 힘이 부족한 반죽뿐만 아니라 '둥근' 빵과 가운데가 뚫린 고리모양의 쿠론을 만들 때도 '둥글리기' 기술을 사용한다.

반죽을 원반모양으로 납작하게 만든 다음, 가장자리를 가운데로 접고 반죽을 뒤집어 이음매가 아래로 가고 매끈한 면이 위로 오게 놓는다. 이렇게 만든 공모양의 반죽을 손으로 덮고 아래로 당겨오듯이 굴린다.

일부 둥근 모양의 빵은 가성형 없이 만들기도 한다(예 : 메밀 투르트).

휴지(안정화)

가성형과 본성형 사이에 반죽을 쉬게 하는 시간을 말한다. 휴지는 반죽을 늘이거나 성형하기 쉽게 하고, 반죽이 찢어지는 것을 막는다. 휴지는 반죽의 힘과 이전 작업의 강도에 따라 10~45분 정도 진행한다. 휴지 중에도 반죽의 발효는 계속된다.

성형

파소나주(Façonnage) 또는 투르나주(Tournage)라고 하며, 빵의 최종적인 모양을 완성하는 단계이다. 경우에 따라 특정 도구(밀대, 가위, 틀, 팬, 바느통 등)를 사용하기도 한다.

성형할 때 길이, 반죽에 힘을 가하는 정도, 덧가루의 사용량 등은 어떤 빵인지에 따라 달라진다. 성형 과정은 가스 빼기, 접기, 늘이기 등 3단계로 나눌 수 있다.

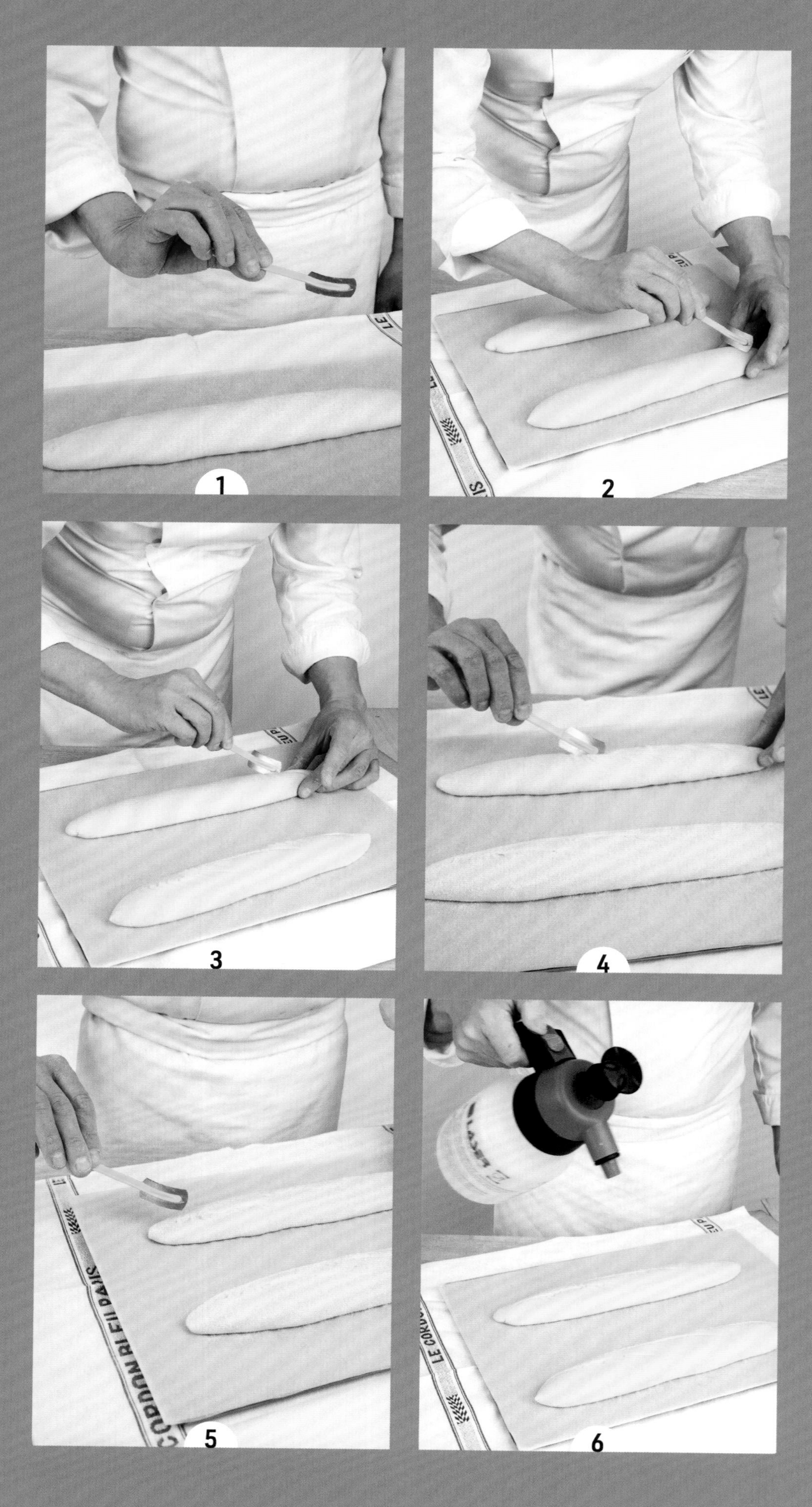

반죽에 칼집내기

- 엄지와 검지로 라메(제빵용 면도날)의 손잡이를 잡고 손목의 힘을 뺀다(**1**).
- 다른 손으로 조심스럽게 반죽을 잡고, 라메를 살짝 기울인다(**2**)(**3**). 손목의 힘을 빼고 반죽 표면에 일정한 간격으로 날렵하게 칼집을 내서 반죽이 찢어지지 않게 한다(**4**).
- 칼집을 낼 때마다 라메를 가볍게 들어올려 반죽이 찢어지지 않게 한다(**5**).
- 칼집내기가 끝나면, 반죽 표면에 분무기로 물을 가볍게 뿌려 오븐에 넣는다(**6**).

2차발효

발효의 마지막 단계인 2차발효는 성형 후 오븐에 넣기 전까지 이루어진다. 반죽이 오븐에 들어갈 준비를 한다는 뜻에서 아프레(apprêt)라고 부른다. 2차발효는 상온에서 20분~4시간 정도 진행되며, 냉장고에서 진행하면 72시간까지도 이어진다.

칼집내기

라마주(Lamage)라고 하며, 반죽을 오븐에 넣기 전 칼집을 내는 작업이다. 제빵사의 시그니처이기도 하지만, 그뿐만은 아니다. 칼집은 발효과정에서 생긴 가스와 반죽 내의 수분이 고르게 빠져나가 반죽 모양을 유지할 수 있게 해준다. 칼집을 넣지 않으면 가스가 고르게 배출되지 못해 모양이 나빠질 수 있다.

구워지는 동안, 반죽 위에 낸 칼집은 빵의 최종 형태를 완성하는 역할을 한다. 빵이 성공적으로 완성되려면 크러스트에 뚜렷하고 규칙적인 칼자국(시그니처)이 나타나야 한다.

반죽 위에 칼집을 낼 때는 라마주 전용 면도날인 '라메'를 사용한다. 칼날은 언제나 깨끗해야 한다. 완벽한 칼집을 내기 위해서는 부드럽고 능숙하게 날을 사용해야 하고, 칼집은 일정한 길이와 간격으로 낸다. 바게트의 경우에 반죽의 한쪽 끝에서 다른 쪽 끝까지 칼집을 내며, 최소 1/3 정도 다른 칼집과 평행으로 겹쳐지게 한다. 반죽 표면에 되도록 직선으로 곧게 칼집을 내야 빵이 팽창하여 벌어진 자국이 가장 조화로워 보인다.

칼집의 깊이는 반죽의 힘과 발효 정도에 따라 결정된다. 많이 부풀지 않은 반죽은 칼집을 깊게 내지만, 반죽의 힘이 약하거나 아주 많이 부풀어오른 반죽은 칼집을 깊게 내지 않는다.

굽기와 식히기

제빵의 마지막 단계이다. 제대로 굽기 위해 오븐은 최소 30분 예열하여 충분한 열을 공급한다. 필요에 따라 덧가루를 뿌리고 칼집을 낸 다음 빵을 오븐에 넣는다.

반죽은 충분히 부푼 상태에서 오븐에 넣는다. 반죽이 충분히 부풀지 않으면 오븐에서 탄탄하게 부풀어오르지 않는다. 반대로, 지나치게 부풀면 글루텐 망이 끊어지기 시작한다(오븐에서 빵이 주저앉는다).

빵을 구울 때는 내추럴 컨벡션(자연대류) 모드를 주로 사용하는데, 열원이 오븐 바닥과 천장에 고정된 상태에서 열이 전달되기 때문이다. 열풍을 일으키는 컨벡션(강제대류) 모드는 비에누아즈리 계열 제품을 굽는 데 더 적합하다.

식히기(르쉬아주)는 굽기 후 단계로, 빵을 식힘망에 올려 여분의 증기를 배출시켜 크러스트가 축축해지는 것을 막는다.

오븐에 넣는 방식

- **빵삽(또는 나무판)을 쓰는 방식** 빵삽을 사용해 예열된 오븐팬 위에 반죽을 하나씩 올려놓는 방식이다. 캔버스천을 들어올려 반죽을 빵삽 위로 뒤집어 옮긴 다음, 예열된 오븐팬 위에 반죽을 다시 뒤집어 올린다.
- **오븐팬을 쓰는 방식** 손쉬운 작업을 위해 오븐팬을 쓰기도 한다. 가정용 오븐으로 빵을 구울 경우에는 오븐팬을 미리 예열한 다음 손이나 빵삽으로 조심스럽게 반죽을 올린다.

스팀

빵을 오븐에 넣고 바로 스팀을 넣어야 한다. 이는 제빵에서 빠져서는 안 되는 작업이다.

먼저, 수증기는 빵 표면을 부드럽게 유지시켜 반죽이 오븐 안에서 부풀게 한다. 수증기를 넣어주지 않으면 크러스트가 지나치게 빨리 만들어져서 빵 속살이 충분히 부풀지 못한다. 그 외에도, 수증기는 반죽의 수분 증발을 제한하며, 마지막으로 크러스트가 캐러멜화되고 윤기가 생기며 잘 발달할 수 있게 한다.

TIP 스팀 분사 기능이 없는 가정용 오븐은 반죽을 오븐에 넣고 분무기로 물을 뿌린다. 그리고 미리 예열한 오븐의 기름받이팬에 큰 얼음 3개를 넣는다.

단계별 굽기

제빵에서 굽기는 반죽이 발효를 거쳐 안정화된 제품(빵)으로 탈바꿈하는 과정을 의미한다. 굽는 동안 반죽은 여러 단계에 걸친 물리적, 화학적 변화를 겪는다.

- **발달단계** 빵의 부피가 커진다. 반죽 속에 남아 있던 효모는 당을 이산화탄소로 분해한다. 50℃가 넘으면 효모들은 파괴되고, 결과적으로 이산화탄소 발생은 중단된다.
- **발색단계** 효모가 파괴되는 과정에서 크러스트의 캐러멜화가 일어난다. 전분이 응고되면서 빵 속살의 구조가 만들어진다.
- **건조단계** 빵에 남아 있던 수분의 일부가 증발하여 단단한 크러스트와 끈적거리지 않는 빵 속살이 만들어진다. 빵 무게는 줄어든다.

빵의 굽기 정도 확인

굽는 시간은 빵의 무게, 크기, 모양에 따라 달라진다. 제빵사는 빵 옆면을 가볍게 두드려 굽기 정도를 판단한다. 크러스트는 단단하고 바삭해야 한다. 빵 바닥을 손가락 끝으로 두드리면 속이 비어 있는 듯한 소리가 난다.

빵을 알맞게 굽기 위한 주의사항

- 반죽을 오븐에 굽는 작업과 작업 사이에는 오븐을 비워두는 것이 중요하다. 그래야 오븐 바닥의 열을 유지할 수 있다.
- 덜 구운 빵은 소화가 잘 안 되고 맛도 좋지 않다. 그러므로 빵을 충분히 굽는 것이 중요한데, 지나치게 구우면 빵이 말라버리므로 주의한다.
- 최상의 굽기를 위해 큰 빵은 온도를 점점 낮춰가면서 굽지만, 작은 빵은 고온에서 굽는다.

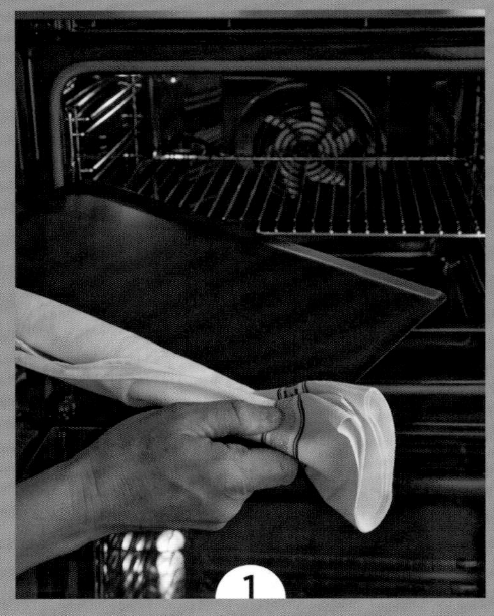

오븐에 넣기와 빵 굽기

- 오븐팬을 가운데 칸에 넣고 오븐을 예열한다. 마른 행주나 장갑으로 손을 보호한 상태에서 뜨거운 오븐팬을 꺼낸 다음(**1**), 식힘망에 올린다.
- 캔버스천이나 리넨천 위에서 2차발효를 진행했다면, 천을 조심스럽게 들어올려 빵삽이나 나무판 위로 반죽을 뒤집어 올린 다음, 뜨거운 오븐팬 위에 유산지를 깔고 그 위에 반죽을 다시 뒤집어 올린다(**2**).
- 유산지를 깐 오븐팬 위에서 2차발효를 진행했다면, 유산지의 가장자리를 잡고 뜨거운 오븐팬 위로 유산지째 반죽을 조심스럽게 미끄러뜨려서 옮긴다(**3**).
- 오븐 바닥에는 미리 기름받이팬을 넣고 예열하여 뜨겁게 만들어둔다. 오븐에 넣을 때 반죽에 분무기로 물을 뿌린 다음, 바닥의 기름받이팬에 큰 얼음 3개를 넣어 증기를 발생시킨다(**4**).
- 오븐에서 빵을 꺼낸 다음 식힘망에 올려서 증기를 빼고 빵의 크러스트가 물러지지 않게 한다.

구운 후 빵의 변화

• **오븐에서 꺼내기** 빵을 꺼낸 다음에는 반드시 조심스럽게 식힘망 위로 옮긴다. 다른 빵과 직접 닿지 않게 놓아야 하는데, 빵의 크러스트가 뜨겁고 아직 약한 상태이기 때문이다.

• **식히기** 빵은 오븐에서 꺼내는 순간부터 식기 시작한다. 수분이 빠져나가면서 빵 무게가 2% 정도 줄어든다. 이때 오븐 내부와 작업장의 온도차로 크러스트가 가볍게 들뜬다. 빵의 크기와 모양에 따라 식히는 시간이 다른데, 빵이 클수록 식히는 시간이 길어진다.

• **노화** 어떤 장소에 보관하든 빵은 자연현상에 따라 어김없이 노화를 겪게 된다. 크러스트는 눅눅해지거나, 반대로 딱딱해지기도 한다. 미각적으로는 빵의 풍미가 사라진다. 노화는 여러 가지 요인에 의해 다르게 나타나는데, 큰 빵은 풀리시를 사용했든 르뱅을 썼든 바게트류에 비해 노화가 늦게 진행되는 편이다.

MIWE econo

Les défauts de la pâte
반죽의 결함

제빵 작업에서 반죽에 나타나는 결함 중에는 해결 가능한 것도 있고, 불가능한 것도 있다. 제빵사는 밀가루에 대한 지식을 갖추어야 하고, 반죽의 결함과 그 해결방법을 알고 있어야 한다.

사용한 밀가루와 관련된 결함

작업하기 전에 각 밀가루의 특징을 잘 알아두어야 한다. 또한 밀가루에 이상이 생기면 반죽의 품질은 물론 빵의 품질까지 떨어지기도 한다.

- **너무 신선한 밀가루** 반죽이 처진다, 빵에 충분한 볼륨이 생기지 않는다, 칼집이 찢어진다, 크러스트가 붉어진다.
- **너무 오래된 밀가루** 반죽이 지나치게 단단하고 건조하다, 빵에 충분한 볼륨이 생기지 않는다.

반죽의 힘 조절

일부 요인은 (의도했든 안 했든) 반죽의 힘에 영향을 미친다.

- **반죽의 힘을 증가시키는 요인**
  - 물온도가 높을 때.
  - 이스트의 양이 많을 때.
  - 성형 중, 반죽에 힘을 많이 주었을 때.
  - 1차발효가 길었을 때.
  - 반죽이 단단한 경우.
- **반죽의 힘을 감소시키는 요인**
  - 물온도가 낮을 때.
  - 이스트의 양이 적을 때.
  - 1차발효가 짧았을 때.
  - 반죽이 무른 경우.

처지는 반죽

믹싱할 때는 탄탄했는데 휴지 단계에서 물러진다. 1차발효 중에는 수분이 스며나온다. 구운 후 빵이 붉어지고 볼륨이 부족하다.

- **반죽이 처지는 주된 요인**
  - 글루텐 함량이 부족하거나 품질이 떨어지는 밀.
  - 수분율이 지나치게 높을 때.
- **해결방법**
  - 1차발효시간을 늘려 반죽에 힘을 준다.
  - 펀칭을 한다.

너무 단단한 반죽

만졌을 때 단단하고 갈라진다. 빵 표면에 마른 껍질이 생겨 충분히 발효되지 못할 수도 있다.

- **반죽이 단단해지는 주된 요인**
  - 재료 계량의 오류.
  - 너무 건조한 밀가루.
  - 반죽의 수분율이 낮은 경우.

- **해결방법**

- 1차발효시간을 줄인다.
- 덧가루 사용량을 줄인다.
- 둥글리기를 하지 않는다.

글루텐 망이 잘 생기지 않는 반죽

힘, 유연성, 탄력이 부족하여 믹싱 중간에 반죽이 찢어진다. 발효 중에는 표면에 껍질이 생기며 갈라진다. 반죽이 진흙처럼 보이기도 한다. 구운 후에는 색이 충분히 나지 않는다.

- **글루텐 망이 잘 생기지 않는 주된 요인**

- 너무 오래된 밀가루를 사용한 경우.
- 너무 되거나 온도가 너무 높은 반죽.
- 1차발효시간이 너무 긴 경우.

- **해결방법**

- 더 부드러운 반죽을 만든다.
- 휴지시간을 줄인다.
- 빵을 더 낮은 온도에서 굽는다.

빵에 나타나는 주요 결점

- **색이 충분히 나지 않거나 납작한 빵**(힘이 부족한 경우와 과발효된 경우).
- **둥글거나 볼록해진 경우**(굽는 동안 빵이 잘 부풀지 않는다).
- **너무 딱딱한 빵**(스팀 부족, 오븐 예열 부족).
- **윤기가 없는 빵**(믹싱 문제, 반죽의 과도한 힘, 발효 중 발생한 문제, 소금 또는 스팀 부족).
- **칼집이 뚜렷하게 터지지 않은 빵, 제빵사의 시그니처가 제대로 보이지 않는 빵**(반죽의 과도한 힘, 부적합한 성형, 지나치게 긴 2차발효시간, 과도한 스팀).

Le matériel

도구

믹서(반죽기)

믹서는 제빵사에게 필수적인 도구 중 하나이다. 그 역할은 재료를 골고루 균일하게 섞는 것이다. 가정에서는 가정용 반죽기(스탠드믹서)를 사용해도 충분하다. 전문가용 믹서처럼 반죽하기 위해, 필요한 경우에는 믹서의 회전속도를 높이기도 한다(예를 들어, 전문가용 믹서의 1단은 가정용 반죽기에서는 3단 정도의 속도이다).

냉장 · 냉동용 장비

- **냉장고** 준비한 작업물을 0~8℃의 낮은 온도로 보관할 수 있다. 짧은 기간(며칠) 동안 발효를 늦추는 역할도 한다.
- **냉동고** 반죽을 빠르게 굳히거나, 다음 작업을 위해 빠르게 식히는 용도로 사용한다. 냉동과정에서는 얼음 결정이 생길 수 있고, 제품의 세포 구조를 변형시키므로 주의한다.
- **급냉기** 급냉은 재료의 본래 상태 그대로 급속하게 온도를 낮추어(몇 분 만에 0~-40℃까지) 안정시키는 역할을 한다. 이 과정은 해동하는 동안 제품의 질감과 형태를 유지시킨다.

발효기

전문 제빵사는 온도와 습도, 발효시간을 조정할 수 있는 전용 발효기를 사용한다.

오븐

제빵용 데크오븐의 바닥과 같은 효과를 내기 위해서는, 오븐팬을 오븐에서 먼저 예열한 다음 반죽을 올린다. 주물냄비를 이용하는 것도 가능하다.

소도구

- **저울** 재료를 정확하게 계량하기 위해서는 전자저울이 이상적이다. 구성물 및 반죽 분할에도 사용한다.
- **밀가루 브러시** 작업대나 반죽 표면의 밀가루를 정리할 때 매우 유용하다.
- **스크래퍼** 손반죽 도중에 반죽을 끊어주거나 작업대 위를 긁어낼 때, 또는 용기를 깨끗하게 비울 때 매우 유용하다.
- **라메** 제빵용 면도날인 라메는 오븐에 반죽을 넣기 전 칼집을 내기 위한 필수도구이다. 손잡이와 면도날로 이루어져 있어 반죽을 찢지 않으면서 깔끔하게 칼집을 낸다.
- **리넨천 또는 캔버스천** 제빵사들은 '쿠슈(couche, 아기의 기저귀 또는 배내옷)'라고도 부르며, 보통 천연 리넨을 쓴다. 마르거나 젖은 상태로 반죽을 덮어 보호하거나, 발효 도중 반죽을 자리에 고정하는 데 사용한다.
- **빵삽** 납작한 나무판으로 반죽을 오븐까지 옮길 때 사용한다.
- **밀대** 많은 레시피에서 반죽을 밀어 펴는 용도로 사용한다.
- **조리용 온도계** 반죽을 굽는 과정에서, 또는 완성된 음식의 온도를 확인하기 위해 사용한다.

발효기가 없다면

가정에서도 반죽 발효를 위해 온도와 습도를 맞출 수 있다.

- 냄비에 물을 끓여 꺼진 오븐 안에 넣는다.
- 조리용 온도계로 30분마다 오븐 안의 온도가 빵의 경우 22~25℃, 비에누아즈리의 경우 25~28℃를 유지하는지 확인한다. 온도가 떨어지면 끓는 물을 더 넣어 반죽이 마르지 않고 잘 발효될 수 있게 한다.

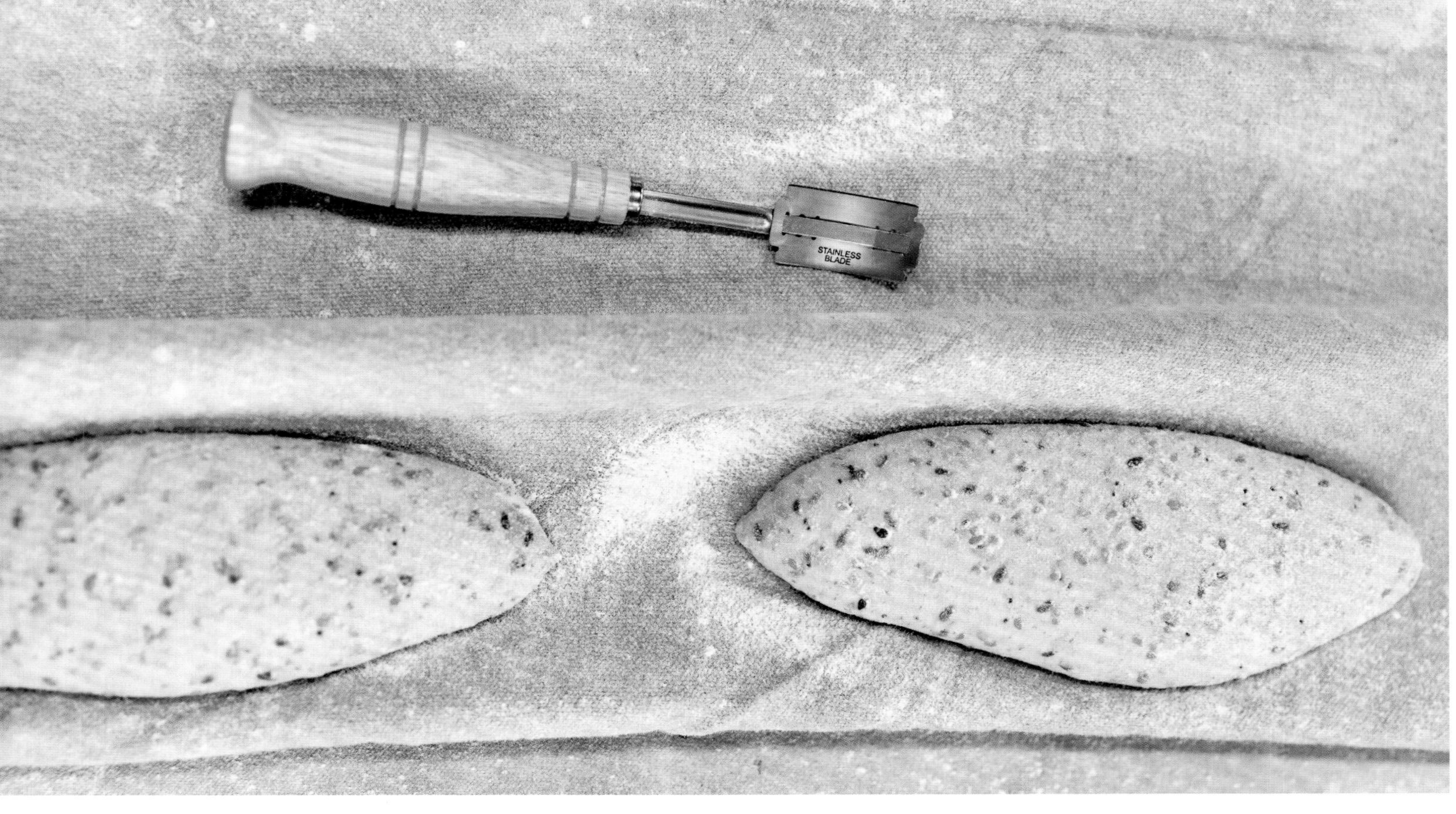
STAINLESS
BLADE

전통빵

Pains traditionnels

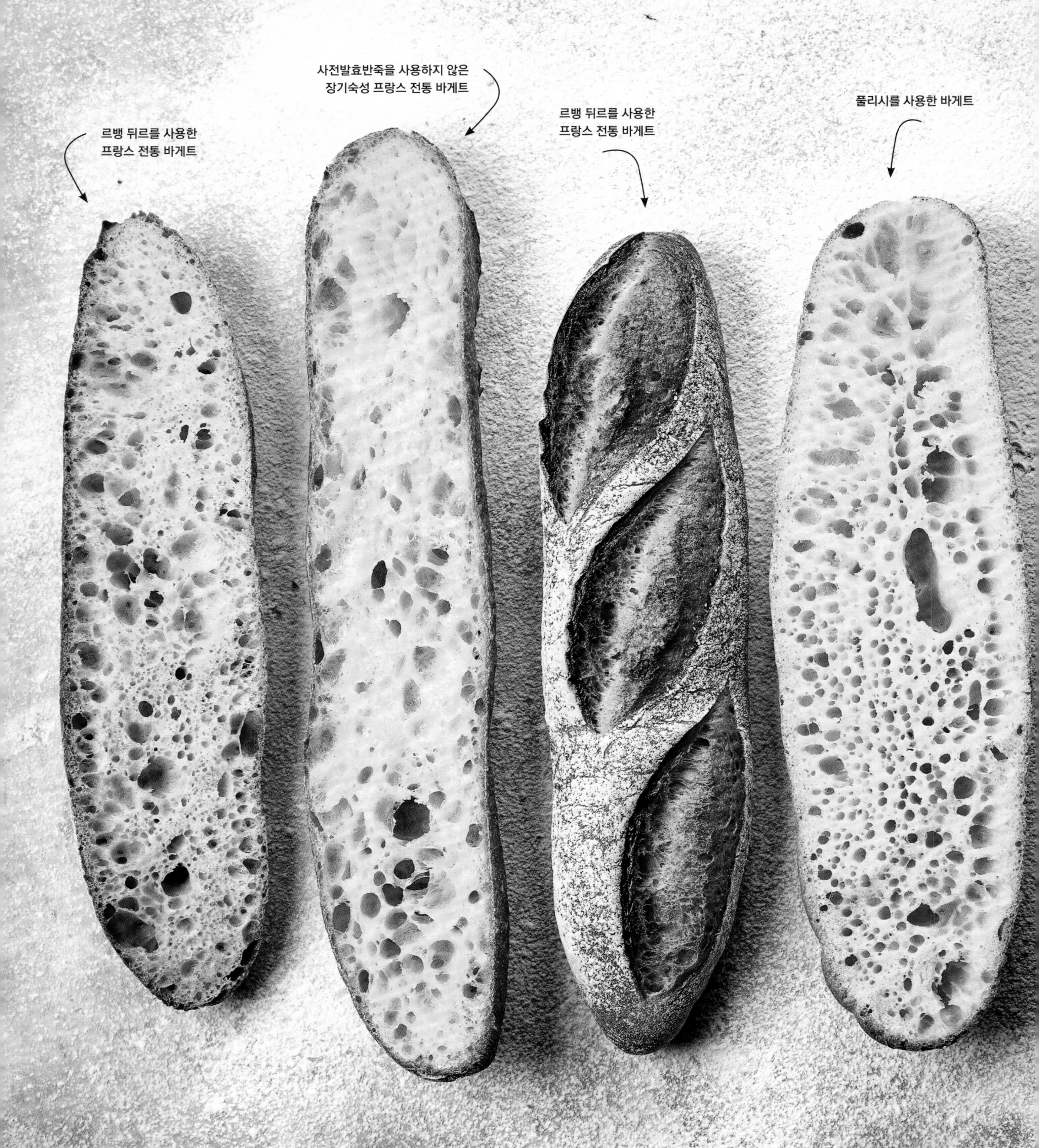
르뱅 뒤르를 사용한
프랑스 전통 바게트
사전발효반죽을 사용하지 않은
장기숙성 프랑스 전통 바게트
르뱅 뒤르를 사용한
프랑스 전통 바게트
풀리시를 사용한 바게트

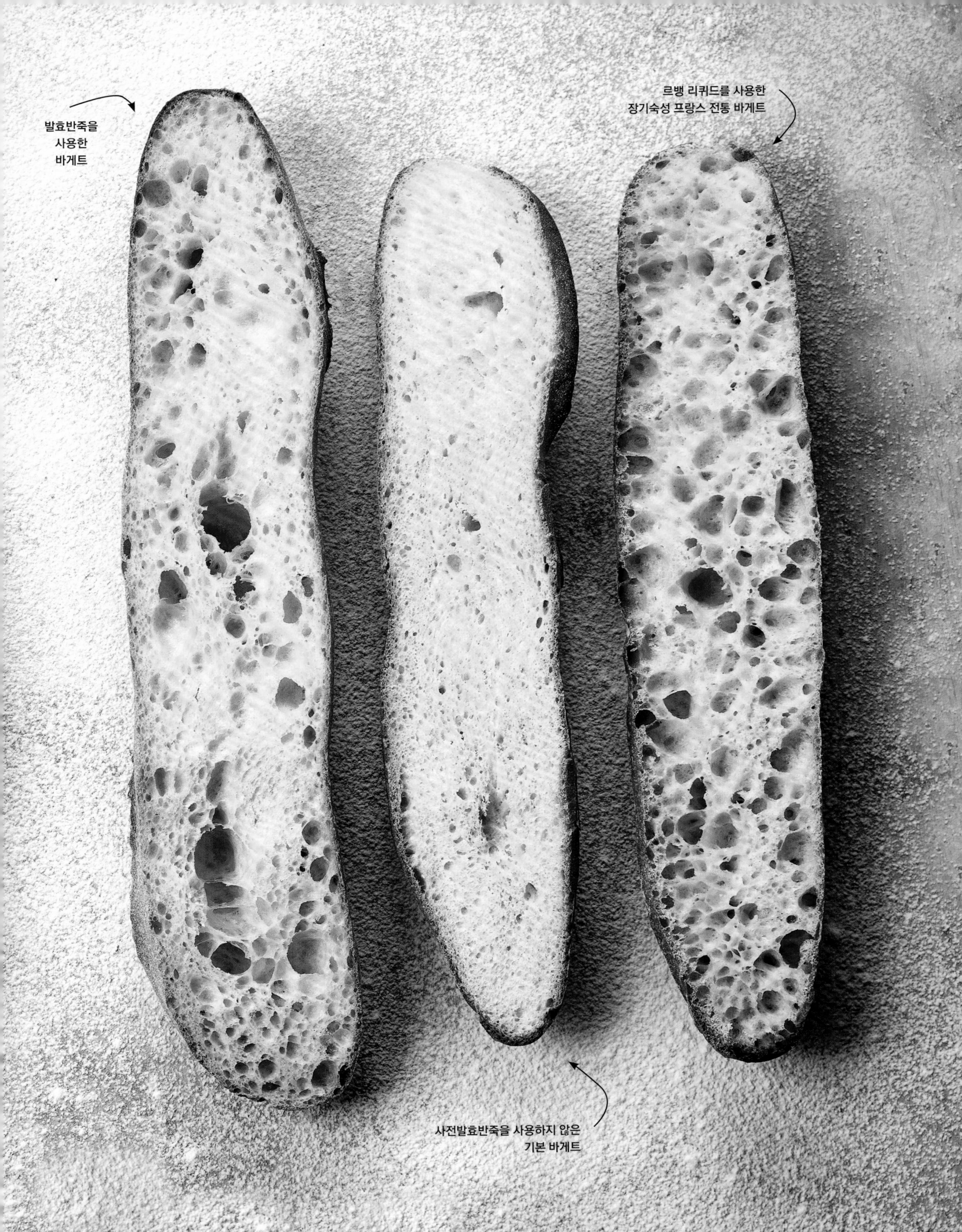

발효반죽을
사용한
바게트
르뱅 리퀴드를 사용한
장기숙성 프랑스 전통 바게트
사전발효반죽을 사용하지 않은
기본 바게트

Baguette blanche sans préfermentation
사전발효반죽을 사용하지 않은 기본 바게트

난이도 ♧

작업 10분 **발효** 1시간 40분 **굽기** 20~25분 **기본온도** 75

바게트 3개 분량

T55 밀가루 500g 생이스트 10g 물 310g 소금 9g

믹싱

- 작업대 위에 밀가루를 올린다. 가운데에 움푹하게 우물모양을 만든 다음, 이스트를 잘게 부수어 넣고 물을 부어 이스트를 풀어준다. 소금을 넣는다. 손가락으로 원을 그리면서 밀가루를 조금씩 가운데로 가져와 섞는다(**1**).
- 스크래퍼로 반죽을 잘라가며 글루텐 망이 생기도록 10분 정도 반죽한다(**2**)(**3**)(**4**). 믹싱이 끝난 반죽온도는 23~25℃이다.

1차발효

- 반죽에 덮개를 씌워 상온에서 20분 발효시킨다.

분할 및 성형

- 반죽을 약 270g씩 3등분한다. 각각의 반죽을 긴 모양으로 가성형한다(**5**)(p.42~43 참조). 20분 휴지시킨다.
- 바게트모양으로 성형을 마무리하고(**6**), 덧가루를 뿌린 캔버스천 위에 반죽을 올린다.

2차발효

- 젖은 리넨천으로 덮어 상온에서 1시간 발효시킨다.

굽기

- 오븐 가운데 칸에 30×38㎝ 오븐팬을 넣고, 내추럴 컨벡션 모드에서 240℃로 예열한다.
- 예열된 오븐팬을 꺼내 식힘망 위에 올린다. 나무판을 이용하여 반죽을 조심스럽게 오븐팬 위로 올린 다음, 라메로 반죽 표면에 3개의 칼집을 낸다.
- 곧바로 오븐에 넣고 스팀을 넣어준 다음(p.50 참조) 20~25분 굽는다.
- 오븐에서 꺼낸 바게트를 식힘망에 올려 식힌다.

Baguette sur pâte fermentée

발효반죽을 사용한

바게트

난이도 ♔

전날_ 작업 10분 **발효** 30분 **냉장** 12시간
당일_ 작업 10분 **발효** 2시간 20분 **굽기** 20~25분
기본온도 54

바게트 3개 분량

발효반죽 100g

T55 밀가루 400g 소금 8g 생이스트 4g 물 260g

발효반죽(전날)

- 발효반죽을 만들어 다음 날까지 냉장한다(p.33 참조).

믹싱(당일)

- 믹싱볼에 밀가루, 소금, 이스트, 물을 넣는다(**1**). 저속으로 4분 섞는다. 작은 조각으로 자른 발효반죽 100g을 넣고(**2**), 중속으로 6분 믹싱한다. 믹싱이 끝난 반죽온도는 23~25℃이다.

1차발효

- 믹싱볼에서 반죽을 꺼내 덮개를 씌우고 상온에서 1시간 발효시킨다(**3**).

분할 및 성형

- 반죽을 약 250g씩 3등분한다(**4**). 각각의 반죽을 긴 모양으로 가성형한다(p.42~43 참조). 20분 휴지시킨다.
- 바게트모양으로 성형을 마무리하고 반죽을 캔버스천 위에 올린다.

2차발효

- 젖은 리넨천으로 덮어 상온에서 1시간 발효시킨다.

굽기

- 오븐 가운데 칸에 30×38㎝ 오븐팬을 넣고, 내추럴 컨벡션 모드에서 240℃로 예열한다.
- 예열된 오븐팬을 꺼내 식힘망 위에 올린다. 나무판을 이용하여 반죽을 조심스럽게 오븐팬 위로 올린 다음, 라메로 반죽 표면에 3개의 칼집을 낸다. 곧바로 오븐에 넣고 스팀을 넣어준 다음(p.50 참조) 20~25분 굽는다.
- 오븐에서 꺼낸 바게트를 식힘망에 올려 식힌다.

Electrolux
1
2
3
4

Baguette sur poolish
풀리시를 사용한
바게트

난이도 ○○○

전날_ 작업 5분 **냉장** 12시간
당일_ 작업 10분 **오토리즈** 30분 **발효** 2시간 05분~2시간 15분 **굽기** 20~25분
기본온도 54

바게트 2개 분량

풀리시	T65 밀가루 30g	물 30g	생이스트 0.3g
오토리즈	T65 밀가루 270g	물 175g	
최종 믹싱	소금 5g	생이스트 1g	물 10g

풀리시(전날)

- 풀리시를 만들어 다음 날까지 냉장한다(p.32 참조).

오토리즈(당일)

- 믹싱볼에 밀가루와 물을 넣는다. 반죽이 만들어질 때까지 저속으로 섞는다(**1**). 믹싱볼에 덮개를 씌우고 30분 휴지시킨다.

최종 믹싱

- 오토리즈 반죽에 소금과 이스트를 넣는다. 물로 풀리시가 들어있는 볼의 벽면을 깨끗하게 긁어내 풀리시 60.3g을 믹싱볼에 넣는다(**2**). 저속으로 5분 섞은 다음, 중속으로 2분 믹싱한다. 믹싱이 끝난 반죽온도는 23~25℃이다(**3**).

1차발효

- 반죽에 덮개를 씌우고 20분 발효시킨다.
- 믹싱볼에서 반죽을 꺼내 작업대 위에 놓고, 펀칭을 하여 가스를 뺀다. 그대로 젖은 리넨천으로 덮어 상온에서 40분 발효시킨다.

분할 및 성형

- 반죽을 약 260g씩 2등분한다. 각각의 반죽을 긴 모양으로 가성형한 다음(p.42~43 참조), 20분 휴지시킨다.
- 바게트모양으로 성형을 마무리하여 캔버스천 위에 올린다.

2차발효

- 리넨천으로 덮어 상온에서 45분~1시간 발효시킨다.

굽기

- 오븐 가운데 칸에 30×38㎝ 오븐팬을 넣고, 내추럴 컨벡션 모드에서 240℃로 예열한다.
- 예열된 오븐팬을 꺼내 식힘망 위에 올린다. 나무판을 이용하여 반죽을 조심스럽게 오븐팬 위로 올린 다음, 라메로 반죽 표면에 3개의 칼집을 낸다. 곧바로 오븐에 넣고 스팀을 넣어준 다음(**4**)(p.50 참조) 20~25분 굽는다.
- 오븐에서 꺼낸 바게트를 식힘망에 올려 식힌다.

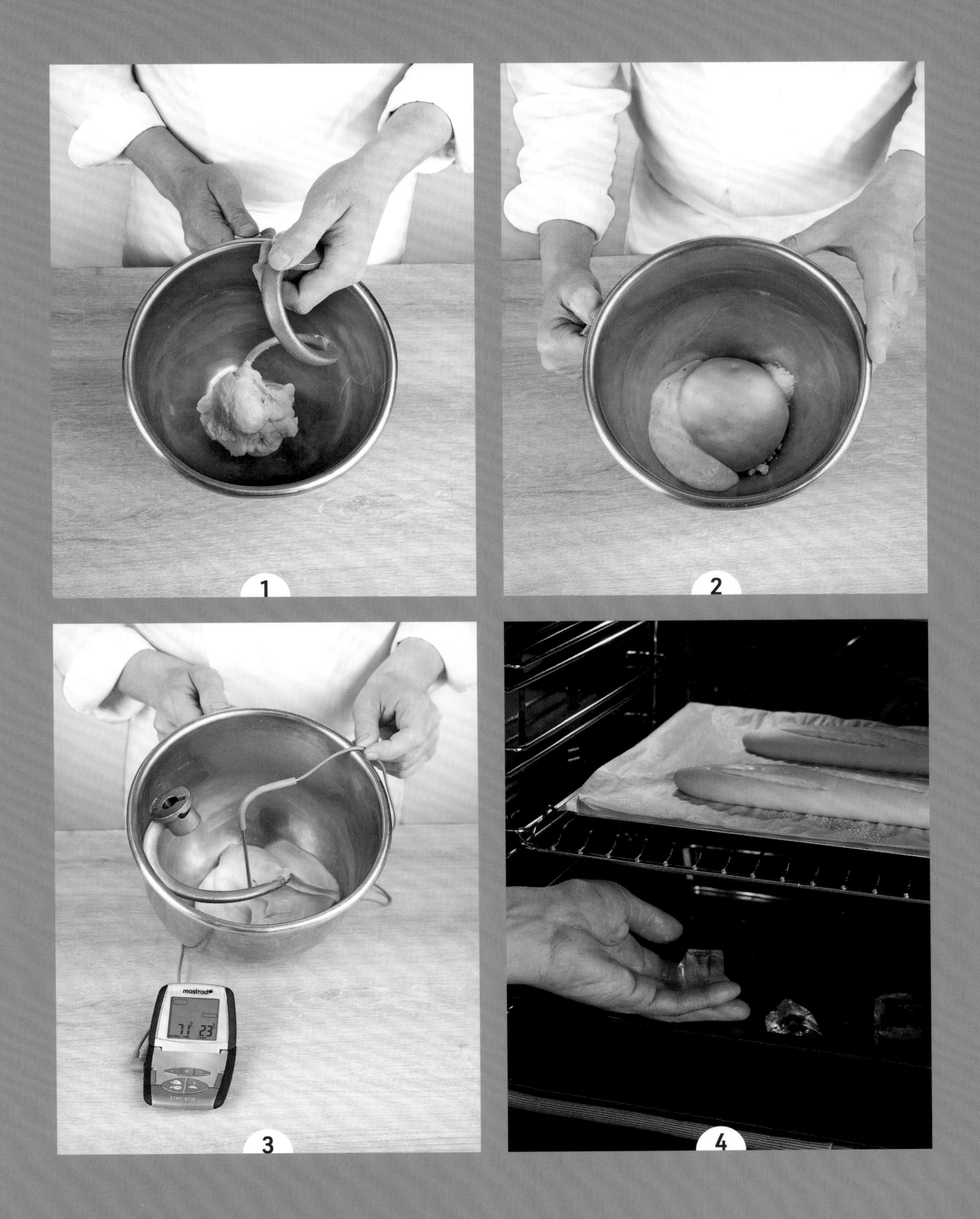
1
2
mastrad
START/STOP
3
4

Baguette de tradition française en direct sur levain dur

르뱅 뒤르를 사용한 프랑스 전통

바게트

난이도 ♧♧♧

이 빵에 들어가는 르뱅 뒤르를 준비하기 위해서는 4일이 걸린다.

전날_ 작업 10분 **발효** 2시간 **냉장** 12~48시간
당일_ 작업 8~10분 **오토리즈** 1시간 **발효** 2시간 35분 **굽기** 20~25분
기본온도 68

바게트 2개 분량

	르뱅 뒤르 50g		
오토리즈	프랑스 전통 밀가루 250g	물 162g	
믹싱	소금 5g	생이스트 1g	조정수 25g

르뱅 뒤르(4일 예정)

- 르뱅 리퀴드를 이용하여 르뱅 뒤르를 만든다(p.36 참조).

르뱅 뒤르(전날)

- 르뱅 뒤르를 리프레시하여(p.36 참조) 다음 날까지 냉장한다.

오토리즈(당일)

- 믹싱볼에 밀가루와 물을 넣는다. 반죽이 만들어질 때까지 저속으로 섞는다. 믹싱볼에 덮개를 씌우고 1시간 휴지시킨다.

믹싱

- 오토리즈 반죽에 소금과 이스트, 작은 조각으로 자른 르뱅 뒤르 50g을 넣는다. 저속으로 8~10분 믹싱한다. 끝나기 2분 전에 조정수를 넣는다. 믹싱이 끝난 반죽온도는 23~25℃이다.

1차발효

- 믹싱볼에서 반죽을 꺼내 용기에 담고 덮개를 씌운다(**1**). 상온에서 1시간 15분 발효시킨다.

분할 및 성형

- 반죽을 약 240g씩 2등분한다. 각각의 반죽을 긴 모양으로 가성형한다(**2**)(p.42~43 참조). 20분 휴지시킨다.
- 바게트모양으로 성형을 마무리한 다음 반죽을 캔버스천 위에 올린다(**3**).

2차발효

- 리넨천으로 덮어 상온에서 1시간 발효시킨다.

굽기

- 오븐 가운데 칸에 30×38㎝ 오븐팬을 넣고, 내추럴 컨벡션 모드에서 240℃로 예열한다.
- 예열된 오븐팬을 꺼내 식힘망 위에 올린다. 나무판을 이용하여 반죽을 조심스럽게 오븐팬 위로 올린 다음, 라메로 반죽 표면에 3개의 칼집을 낸다. 곧바로 오븐에 넣고 스팀을 넣어준 다음(p.50 참조) 20~25분 굽는다.
- 오븐에서 꺼낸 바게트를 식힘망에 올려 식힌다(**4**).

1
2
3
4

Baguette de tradition française en pointage retardé sans préfermentation

사전발효반죽을 사용하지 않은 장기숙성 프랑스 전통 바게트

난이도 ⌂

전날_ 작업 13분 **오토리즈** 1시간 **발효** 30분 **냉장** 12시간
당일_ 발효 1시간 05분~1시간 20분 **굽기** 20~25분
기본온도 54

바게트 2개 분량

오토리즈	프랑스 전통 밀가루 300g	물 195g	
최종 믹싱	소금 5g	생이스트 2g	조정수 15~30g
마무리	밀가루	고운 세몰리나	

오토리즈(전날)

- 믹싱볼에 밀가루와 물을 넣는다. 밀가루가 물을 흡수할 때까지 저속으로 3분 섞는다. 믹싱볼에 덮개를 씌워 1시간 휴지시킨다.

최종 믹싱

- 오토리즈 반죽에 소금과 이스트를 넣는다. 저속으로 10분 믹싱한다. 끝나기 2분 전에 조정수를 넣는다. 믹싱이 끝난 반죽온도는 22℃이다.

1차발효

- 믹싱볼에 덮개를 씌우고 상온에서 30분 발효시킨다.
- 믹싱볼에서 반죽을 꺼내 펀칭한 다음(**1**), 용기에 담아 덮개를 씌우고 다음 날까지 냉장한다(**2**).

분할 및 성형(당일)

- 반죽을 약 260g씩 2등분한다(**3**). 각각의 반죽을 긴 모양으로 가성형한다(p.42~43 참조). 20분 휴지시킨다.
- 바게트모양으로 성형을 마무리한다. 밀가루와 세몰리나가 섞인 덧가루를 뿌린 캔버스천에 반죽의 이음매가 위로 오게 올린다(**4**).

2차발효

- 상온에서 45분~1시간 발효시킨다.

굽기

- 오븐 가운데 칸에 30×38㎝ 오븐팬을 넣고, 내추럴 컨벡션 모드에서 240℃로 예열한다.
- 예열된 오븐팬을 꺼내 식힘망 위에 올린다. 나무판을 이용하여 반죽을 조심스럽게 오븐팬 위로 올린 다음, 라메로 반죽 표면에 3개의 칼집을 낸다. 곧바로 오븐에 넣고 스팀을 넣어준 다음(p.50 참조) 20~25분 굽는다.
- 오븐에서 꺼낸 바게트를 식힘망에 올려 식힌다.

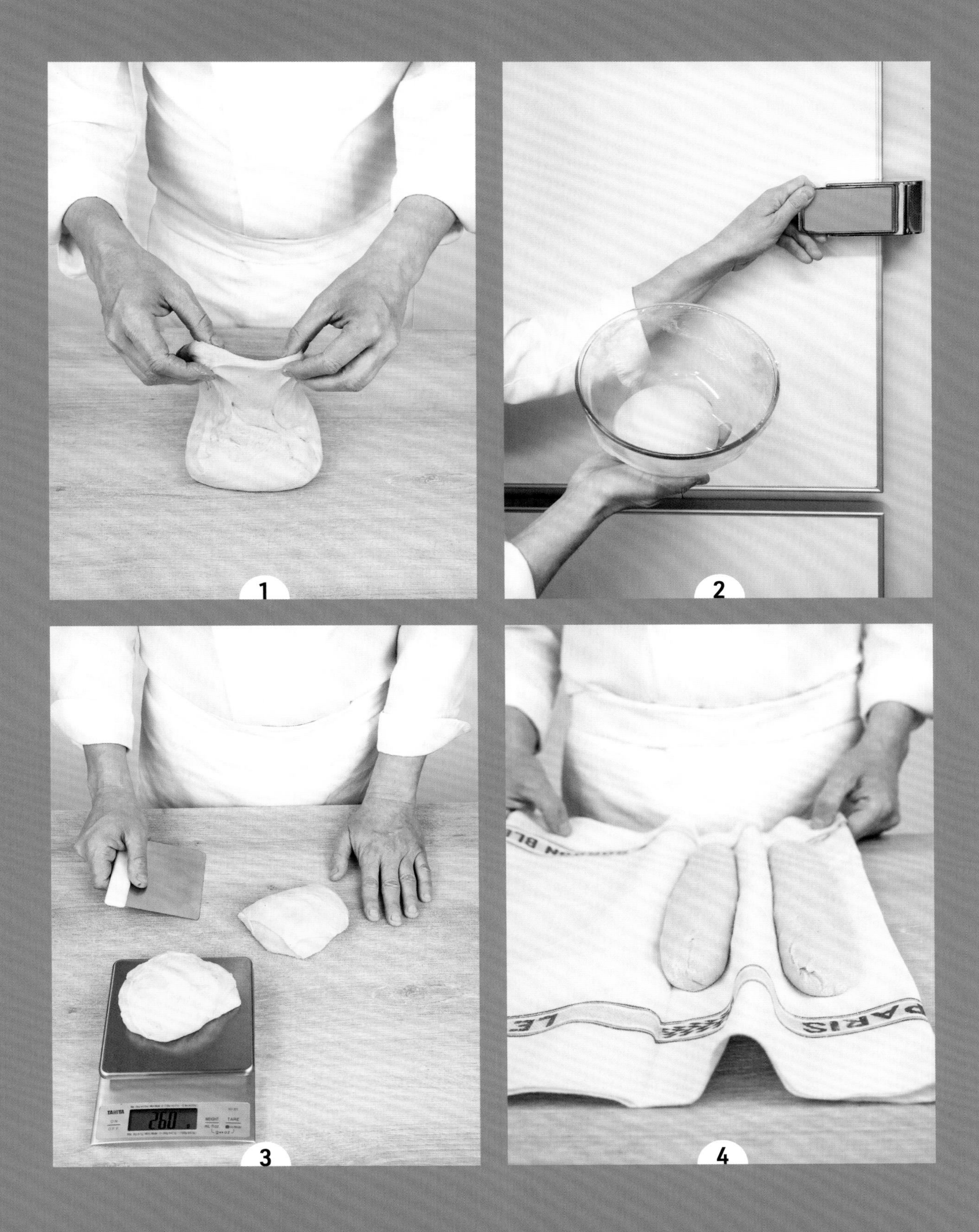
1
2
260
WEIGHT
TARE
3
LE
PARIS
4

Baguette de tradition française en pointage retardé sur levain liquide

르뱅 리퀴드를 사용한 장기숙성 프랑스 전통 바게트

난이도

이 빵에 들어가는 르뱅 리퀴드를 준비하기 위해서는 4일이 걸린다.

1~2일 전_ 작업 20분 **오토리즈** 30분 **발효** 30분 **냉장** 12~24시간
당일_ 작업 10분 **발효** 1시간 05분 **굽기** 20~25분
기본온도 54

바게트 2개 분량

	르뱅 리퀴드 38g		
오토리즈	프랑스 전통 밀가루 250g	물 163g	
최종 믹싱	소금 4g	생이스트 2g	조정수 12g
마무리	밀가루	고운 세몰리나	

르뱅 리퀴드(4일 예정)

- 르뱅 리퀴드를 만든다(p.35 참조).

오토리즈(1~2일 전)

- 믹싱볼에 밀가루와 물을 넣는다. 밀가루가 물을 흡수할 때까지 저속으로 섞는다(**1**). 믹싱볼에 덮개를 씌워 30분 휴지시킨다.

최종 믹싱

- 오토리즈 반죽에 소금, 이스트, 르뱅 리퀴드를 넣는다. 저속으로 8~10분 믹싱한다. 끝나기 2분 전에 조정수를 넣는다(**2**). 믹싱이 끝난 반죽온도는 22℃이다.

1차발효

- 믹싱볼에 덮개를 씌우고 상온에서 30분 발효시킨다. 믹싱볼에서 반죽을 꺼내 펀칭한 다음(**3**), 용기에 담아 덮개를 씌우고 12~24시간 냉장한다.

분할 및 성형(당일)

- 반죽을 약 230g씩 2등분한다. 각각의 반죽을 긴 모양으로 가성형한다(p.42~43 참조). 20분 휴지시킨다.
- 바게트모양으로 성형을 마무리한다. 밀가루와 세몰리나가 섞인 덧가루를 뿌린 캔버스천에 반죽의 이음매가 위로 오게 올린다(**4**).

2차발효

- 상온에서 45분 발효시킨다.

굽기

- 오븐 가운데 칸에 30×38㎝ 오븐팬을 넣고, 내추럴 컨벡션 모드에서 240℃로 예열한다.
- 예열된 오븐팬을 꺼내 식힘망 위에 올린다. 나무판을 이용하여 반죽을 조심스럽게 오븐팬 위로 뒤집어 올린 다음, 라메로 반죽 표면에 3개의 칼집을 낸다. 곧바로 오븐에 넣고 스팀을 넣어준 다음(p.50 참조) 20~25분 굽는다.
- 오븐에서 꺼낸 바게트를 식힘망에 올려 식힌다.

1
Electrolux
2
3
4

Baguette viennoise

바게트 비에누아즈

난이도

전날_ 작업 10분 **냉장** 12시간
당일_ 작업 12~14분 **발효** 2시간 30분 **굽기** 20~25분
기본온도 60

바게트 3개 분량

	비에누아즈 발효반죽 45g		
믹싱	T45 그뤼오 밀가루 300g	소금 6g	달걀(대) ½개(40g)
	생이스트 8g	설탕 18g	우유 150g
마무리	달걀 1개 + 달걀노른자 1개(함께 푼)		버터(무른) 30g

비에누아즈 발효반죽(전날)

- 비에누아즈 발효반죽을 만들어 다음 날까지 냉장한다(p.33 참조).

믹싱(당일)

- 믹싱볼에 밀가루, 이스트, 소금, 설탕, 달걀, 우유, 작은 조각으로 자른 비에누아즈 발효반죽 45g을 넣는다. 저속으로 4분 섞은 다음, 고속으로 8~10분 믹싱한다. 믹싱이 끝난 반죽온도는 25℃이다.

1차발효

- 반죽을 젖은 리넨천으로 덮어 상온에서 20분 발효시킨다.

분할 및 성형

- 반죽을 약 190g씩 3등분한다. 각각의 반죽을 긴 모양으로 가성형한다(p.42~43 참조). 10분 휴지시킨다.
- 반죽을 단단하게 말고, 마지막 이음매는 7번 눌러 꼼꼼하게 바게트 성형을 마무리한다. 30×38㎝ 오븐팬에 유산지를 깔고 반죽을 올린다. 소시송(소시지) 칼집을 내고(p.44~45 참조) 달걀물을 바른다.

2차발효

- 25℃로 맞춘 발효기에 넣어 2시간 발효시킨다(p.54 참조).

굽기

- 오븐을 컨벡션 모드에서 210℃로 예열한다. 반죽에 다시 달걀물을 바른 다음, 오븐 가운데 칸에 넣고 20~25분 굽는다.
- 오븐에서 꺼낸 바게트를 식힘망에 올리고 버터를 바른다.

화이트초콜릿을 넣은 바게트 비에누아즈 Baguette viennoise au chocolat blanc

바게트 비에누아즈 반죽 590g • 화이트초콜릿칩 150g • 라임제스트 ½개 분량

- 바게트 비에누아즈 반죽이 완성되면 화이트초콜릿칩과 라임제스트를 넣는다. 저속으로 1분 돌린 다음, 바게트 비에누아즈와 같은 방법으로 마무리한다. 180℃에서 20분 굽는다.

Pain de meule T110 en direct sur levain dur

르뱅 뒤르를 사용한

T110 팽 드 묄

난이도 ☆☆☆

이 빵에 들어가는 르뱅 리퀴드를 준비하기 위해서는 4일이 걸린다.

전날_ 작업 4분 **발효** 2시간 **냉장** 12시간
당일_ 작업 10분 **발효** 3시간 35분 **굽기** 40분
기본온도 75

팽 드 묄 1개 분량

맷돌 제분 밀가루 르뱅 뒤르	T110 맷돌 제분 밀가루 250g	르뱅 리퀴드 125g	40℃ 물 125g
믹싱	T110 맷돌 제분 밀가루 400g	생이스트 1g	전날 준비한 맷돌 제분 밀가루 르뱅 뒤르 300g
	프랑스 전통 밀가루 100g	물 350g	조정수(50g까지 사용 가능)
	게랑드소금 13g		
	마무리용 덧가루		

르뱅 리퀴드(4일 예정)

- 르뱅 리퀴드를 만든다(p.35 참조).

맷돌 제분 밀가루 르뱅 뒤르(전날)

- 믹싱볼에 밀가루, 르뱅 리퀴드, 물을 넣는다. 저속에서 4분 섞는다. 상온에서 2시간 발효시킨 다음, 넉넉한 크기의 용기에 담아 덮개를 씌우고 최소 12시간 냉장한다.

믹싱(당일)

- 믹싱볼에 밀가루 2종류, 소금, 이스트, 물, 작은 조각으로 자른 맷돌 제분 밀가루 르뱅 뒤르를 넣는다. 저속으로 10분 믹싱한다. 끝나기 2분 전에 조정수를 넣는다. 믹싱이 끝난 반죽온도는 25~27℃이다.
- 밀가루를 뿌린 용기에 반죽을 담고, 지나치게 힘을 주지 않고 가볍게 펀칭한다.

1차발효

- 리넨천으로 덮어 상온에서 1시간 15분 발효시킨다.

성형

- 반죽을 둥근 모양으로 가성형하여 20분 휴지시킨다. 반죽을 길게 늘인 다음, 미리 덧가루를 뿌려놓은 캔버스천 위에 이음매가 위로 오게 올린다.

2차발효

- 상온에서 2시간 발효시킨다.

굽기

- 오븐 가운데 칸에 30×38㎝ 오븐팬을 넣고, 내추럴 컨벡션 모드에서 250℃로 예열한다.
- 예열된 오븐팬을 꺼내 식힘망 위에 올린다. 나무판을 이용하여 반죽을 조심스럽게 오븐팬 위로 뒤집어 올린다. 밀가루를 뿌린 다음, 라메로 반죽 표면에 1개의 긴 칼집을 낸다. 곧바로 오븐에 넣고 온도를 220℃로 낮춘다. 스팀을 넣어준 다음(p.50 참조) 40분 굽는다.
- 오븐에서 꺼낸 바게트를 식힘망에 올려 식힌다.

Pain de campagne en pointage retardé sur levain liquide

르뱅 리퀴드를 사용한 장기숙성

팽 드 캉파뉴

난이도

이 빵에 들어가는 르뱅 리퀴드를 준비하기 위해서는 4일이 걸린다.

1~2일 전_ 작업 11분 **발효** 30분 **냉장** 12~24시간
당일_ 발효 1시간 05분 **굽기** 25~30분
기본온도 65

캉파뉴 2개 분량

르뱅 리퀴드 100g

믹싱	프랑스 전통 밀가루 425g	게랑드소금 10g	생이스트 1g
	T170 호밀가루 75g	물 350g	조정수 25g

르뱅 리퀴드(4일 예정)

- 르뱅 리퀴드를 만든다(p.35 참조)

믹싱(1~2일 전)

- 믹싱볼에 밀가루와 호밀가루, 소금, 르뱅 리퀴드, 물, 이스트를 넣는다. 저속으로 7분 섞은 다음, 중속으로 4분 믹싱한다. 끝나기 2분 전에 조정수를 넣고 매끈한 반죽을 만든다. 믹싱이 끝난 반죽온도는 23℃이다.

1차발효

- 믹싱볼에서 반죽을 꺼내 용기에 담고 덮개를 씌운다. 상온에서 30분 발효시킨다.
- 펀칭을 한 다음 덮개를 씌워 12~24시간 냉장한다.

분할 및 성형(당일)

- 반죽을 약 490g씩 2등분한다. 각각의 반죽을 둥근 모양으로 가성형한 다음(p.43 참조) 20분 휴지시킨다.
- 약간 긴 모양(바타르)으로 성형을 마무리한다. 덧가루를 뿌린 캔버스천 위에 반죽의 이음매가 위로 오게 올린다.

2차발효

- 상온에서 45분 발효시킨다.

굽기

- 오븐 가운데 칸에 30×38㎝ 오븐팬을 넣고, 내추럴 컨벡션 모드에서 250℃로 예열한다.
- 예열된 오븐팬을 꺼내 식힘망 위에 올린다. 나무판을 이용하여 반죽을 조심스럽게 팬 위로 뒤집어 올린다. 라메로 반죽 표면에 2개의 칼집을 낸다. 곧바로 오븐에 넣고 온도를 230℃로 낮춘다. 스팀을 넣어준 다음(p.50 참조) 25~30분 굽는다.
- 오븐에서 꺼낸 바게트를 식힘망에 올려 식힌다.

LE CORDON BLEU®
PARIS - 1895
LE CORDON BLEU®
LE CORDON BLEU®
PARIS - 1895

Pain nutritionnel aux graines

곡물 영양빵

난이도

이 빵에 들어가는 르뱅 리퀴드를 준비하기 위해서는 4일이 걸린다.

전날_ 작업 5분 **냉장** 12시간
당일_ 작업 11분 **발효** 2시간 50분~3시간 20분 **굽기** 40분
기본온도 54

곡물영양빵 1개 분량

	르뱅 리퀴드 80g		
곡물 풀리시	곡물믹스(브라운 아마씨, 골든 아마씨, 조, 양귀비씨, 해바라기씨) 80g		T170 호밀가루 32g
	참깨(볶은) 32g	물 200g	생이스트 0.5g
믹싱	T65 밀가루 400g	생이스트 2g	
	소금 8g	물 170g	
	틀에 바를 해바라기씨 오일	마무리용 연질 밀가루(프로망)	

르뱅 리퀴드(4일 예정)

- 르뱅 리퀴드를 만든다(p.35 참조).

곡물 풀리시(전날)

- 볼에 곡물믹스, 볶은 참깨, 호밀가루, 물, 이스트, 르뱅 리퀴드를 담고 거품기로 섞는다. 덮개를 씌워 다음 날까지 냉장한다.

믹싱(당일)

- 믹싱볼에 밀가루, 소금, 이스트, 물, 곡물 풀리시를 담는다. 저속으로 7분 섞은 다음, 중속으로 4분 믹싱한다. 믹싱이 끝난 반죽 온도는 23℃이다.

1차발효

- 리넨천으로 덮어 상온에서 30분 발효시킨다.
- 펀칭을 한 다음 덮개를 씌워 다시 상온에서 1시간 발효시킨다.

분할 및 성형

- 반죽을 약 250g씩 4등분하거나, 1kg 반죽 하나로 사용한다. 반죽을 둥글려 공모양으로 가성형한다. 20분 휴지시킨다.
- 반죽을 4등분한 경우 각각의 반죽을 다시 한 번 둥글리기하여 반죽에 필요한 힘을 보강해준다. 1kg 반죽은 긴 모양으로 성형한다(p.42~43). 오일을 바른 28×11×9㎝ 크기의 틀에 동그란 반죽 4개, 또는 길게 성형한 1개의 반죽을 넣는다.

2차발효

- 상온에서 1시간~1시간 30분 발효시킨다.

굽기

- 오븐 가운데 칸에 그릴망을 넣고 내추럴 컨벡션 모드에서 240℃로 예열한다.
- 반죽 표면에 밀가루를 체에 쳐서 뿌린 다음, 오븐에 넣는다. 온도를 220℃로 낮추고 스팀을 넣어준 다음(p.50 참조), 40분 정도 굽는다.
- 오븐에서 꺼내 빵을 틀에서 빼낸 다음, 식힘망에 올려 식힌다.

Pain intégral sur levain dur

르뱅 뒤르를 사용한

통밀빵

난이도

이 빵에 들어가는 르뱅 뒤르를 준비하기 위해서는 4일이 걸린다.

전날_ 작업 8분 **발효** 1시간 **냉장** 12~18시간
당일_ 작업 10분 **발효** 2시간 20분 **굽기** 40~45분
기본온도 58

통밀빵 1개 분량

르뱅 뒤르 150g

믹싱 T150 통밀가루 500g 소금 10g
물 280g 생이스트 4g

마무리용 연질 밀가루(프로망)

르뱅 뒤르(4일 예정)

- 르뱅 뒤르를 만든다(p.36 참조).

믹싱(전날)

- 믹싱볼에 통밀가루, 물, 소금, 이스트, 작은 조각으로 자른 르뱅 뒤르를 담는다. 저속으로 8분 믹싱한다. 믹싱이 끝난 반죽온도는 22℃이다.

1차발효

- 반죽에 덮개를 씌워 상온에서 1시간 발효시킨다. 펀칭한 다음 12~18시간 냉장한다.

분할 및 성형(당일)

- 반죽을 둥근 모양으로 가성형한다. 20분 휴지시킨다.
- 둥근 공모양으로 성형을 마무리한다. 큰 볼에 리넨천을 깔고 덧가루를 충분히 뿌린 다음, 이음매가 위로 오게 반죽을 올린다. 볼에 랩을 씌운다.

2차발효

- 상온에서 2시간 발효시킨다.

굽기

- 지름 24㎝ 주물냄비를 뚜껑을 덮어서 오븐에 넣고, 내추럴 컨벡션 모드에서 250℃로 예열한다.
- 유산지를 지름 24㎝ 원모양으로 자른다. 반죽을 조심스럽게 뒤집어 유산지 위에 올린 다음, 손으로 표면의 밀가루를 골고루 펴 바른다. 4개의 칼집을 내서 정사각형을 만들고, 가운데에 십자 칼집을 넣는다.
- 오븐에서 주물냄비를 꺼내 얼음을 3개 넣은 다음, 반죽을 유산지째로 뜨거운 주물냄비 안에 넣는다. 뚜껑을 덮어 오븐에 넣고 40~45분 굽는데, 30분이 지나면 냄비의 뚜껑을 열고 남은 10~15분을 마저 굽는다.
- 오븐에서 주물냄비를 꺼낸 다음, 빵을 빼내 식힘망에 올려 식힌다.

Tourte de sarrasin

메밀 투르트

난이도

이 빵에 들어가는 르뱅 뒤르를 준비하기 위해서는 4일이 걸린다.

전날_ 작업 13~14분 **냉장** 12시간
당일_ 작업 10분 **발효** 2시간 30분 **굽기** 40분

메밀 투르트 1개 분량

르뱅 뒤르 리프레시	르뱅 뒤르 125g	
	T110 맷돌 제분 밀가루 250g	40℃ 물 125g
맷돌 제분 밀가루 르뱅	하루 지난 발효반죽 218g	
	메밀가루 62.5g	80℃ 물 62.5g
믹싱	70℃ 물 187.5g	메밀가루 37.5g
	프랑스 전통 밀가루 150g	소금 7.5g

르뱅 뒤르(4일 예정)

- 르뱅 뒤르를 만든다(p.36 참조).

르뱅 뒤르 리프레시(전날)

- 믹서에 플랫비터를 끼운 다음, 믹싱볼에 밀가루, 르뱅 뒤르, 물을 넣는다. 저속으로 3~4분 섞는다. 믹싱볼에서 반죽을 꺼내 볼에 담고, 덮개를 씌워 다음 날까지 냉장한다.

맷돌 제분 밀가루 르뱅용 발효반죽(전날)

- 발효반죽을 만들어 다음 날까지 냉장한다(p.33 참조).

맷돌 제분 밀가루 르뱅(당일)

- 믹싱볼에 메밀가루, 리프레시한 르뱅 뒤르 218g, 작은 조각으로 자른 발효반죽 218g, 물을 넣는다. 반죽이 균일하게 섞일 때까지 저속으로 믹싱한다. 믹싱볼에 랩을 씌워 1시간 발효시킨다.

믹싱

- 준비한 맷돌 제분 밀가루 르뱅에 물을 넣은 다음, 전통 밀가루와 메밀가루, 소금을 넣는다. 저속으로 3~4분 섞은 다음, 중속으로 2분 믹싱한다. 믹싱이 끝난 반죽온도는 30~35℃이다.

1차발효

- 믹싱볼 안의 반죽을 랩으로 덮어 1시간 15분 발효시킨다.

성형 및 2차발효

- 작업대에 밀가루를 충분히 뿌리고 반죽을 올린다. 반죽의 가장자리를 재빨리 가운데로 접는다. 반죽을 둥근 모양으로 가성형한 다음, 덧가루를 충분히 뿌린 지름 22㎝ 바느통에 이음매가 위로 오게 넣는다. 손가락으로 이음매를 꼬집듯이 붙인다. 젖은 리넨천으로 덮어 상온에서 15분 발효시킨다.

굽기

- 오븐 가운데 칸에 30×38㎝ 오븐팬을 넣고, 내추럴 컨벡션 모드에서 260℃로 예열한다.
- 예열된 오븐팬을 꺼내 식힘망 위에 올린 다음, 유산지를 깐다. 그 위에 바느통을 조심스럽게 뒤집어 반죽을 올린 다음, 4개의 칼집을 내서 정사각형을 만들고 오븐에 넣는다. 스팀을 넣어준 다음(p.50 참조), 10분에 한 번씩 증기를 빼가며 빵을 굽는다. 이후 오븐을 끄고 잔열로 30분 굽는다. 오븐에서 꺼낸 투르트를 식힘망에 올려 식힌다.

Pain d'épeautre sur levain liquide

르뱅 리퀴드를 사용한

스펠트빵

난이도 ○○

이 빵에 들어가는 르뱅 리퀴드를 준비하기 위해서는 4일이 걸린다.

작업 8분 **발효** 3시간 50분 **굽기** 40~45분 **기본온도** 65

스펠트빵 1개 분량

르뱅 리퀴드 150g

믹싱	스펠트 밀가루 500g	소금 10g
	물 280g	생이스트 4g

르뱅 리퀴드(4일 예정)

- 르뱅 리퀴드를 만든다(p.35 참조).

믹싱

- 믹싱볼에 스펠트 밀가루, 물, 소금, 이스트, 르뱅 리퀴드를 담는다. 저속으로 8분 믹싱한다. 믹싱이 끝난 반죽온도는 23~25℃이다.

1차발효

- 반죽에 덮개를 씌워 상온에서 1시간 30분 발효시킨다.

성형

- 반죽을 둥근 모양으로 가성형한 다음, 20분 휴지시킨다.
- 둥근 공모양으로 성형을 마무리한다. 덧가루를 뿌린 캔버스천 위에 이음매가 위로 오게 올린다.

2차발효

- 상온에서 2시간 발효시킨다.

굽기

- 지름 24㎝ 주물냄비를 뚜껑을 덮어서 오븐에 넣고, 내추럴 컨벡션 모드에서 250℃로 예열한다.
- 유산지를 지름 24㎝ 원모양으로 자른다. 반죽을 조심스럽게 뒤집어 유산지 위에 올린 다음, 손으로 표면의 밀가루를 골고루 펴 바른다. 4개의 칼집을 내서 정사각형을 만든다.
- 오븐에서 주물냄비를 꺼내 얼음을 3개 넣은 다음, 반죽을 유산지째로 뜨거운 주물냄비 안에 넣는다. 뚜껑을 덮어 오븐에 넣고 40~45분 굽는데, 30분이 지나면 냄비의 뚜껑을 열고 남은 10~15분을 마저 굽는다.
- 오븐에서 주물냄비를 꺼낸 다음, 빵을 빼내 식힘망에 올려 식힌다.

Petits pains de fêtes

축제를 위한 프티 팽

난이도

작업 15분 **발효** 1시간 30분 **굽기** 15분 **기본온도** 54

프티 팽 8개 분량

T45 그뤼오 밀가루 500g 소금 9g 생이스트 15g
우유 325g 설탕 20g 버터(차가운) 125g

마무리 양귀비씨 반죽에 바를 해바라기씨 오일 밀가루

섬세한 무늬가 그려진 빵

스텐실을 이용해 다양한 무늬를 넣은 프티 팽은 행사나 축제를 기념하기 위해 만든다.
여러 가지 스텐실은 인터넷에서 구입할 수 있다.
패턴은 매우 다양한데, 그림이나 이미지를 이용해 자기만의 패턴을 만들 수도 있다.
오래 사용하기 위해서는 어느 정도 빳빳한 재질에 패턴을 인쇄해야 한다.

믹싱

- 믹싱볼에 밀가루, 우유, 소금, 설탕, 이스트를 넣고 저속으로 5분 섞는다. 밀가루가 액체를 잘 흡수하여 무르고 끈적한 반죽이 되어야 한다. 이어서 버터를 한 번에 모두 넣고 고속으로 10분 믹싱하여 부드럽고 매끈한 반죽을 만든다.

1차발효

- 반죽을 둥근 공모양으로 만들어 큰 볼에 담는다. 젖은 리넨천이나 랩으로 덮어 상온에서 30분 발효시킨다.

분할 및 성형

- 반죽 350g을 떼어내 밀대로 2㎜ 두께로 밀어 편다. 오븐팬에 유산지를 깔고 반죽을 올린 다음, 물을 바르고 표면이 덮일 정도로 양귀비씨를 넉넉하게 뿌린다(**1**). 그대로 냉동고에 넣어 반죽이 단단해질 때까지 기다린다. 여분의 양귀비씨를 털어내고 지름 7㎝ 원형커터로 원을 8개 찍어낸다(**2**). 냉동고에 넣는다.
- 남은 반죽을 약 80g씩 8등분한 다음, 힘주어 단단하게 둥글린다. 30×38㎝ 오븐팬에 유산지를 깔고 반죽을 올린다.

2차발효

- 둥글린 반죽을 25℃로 맞춘 발효기에서 1시간 발효시킨다(p.54 참조).
- 양귀비씨를 뿌린 원을 냉동고에서 꺼내 뒤집은 다음, 브러시로 가장자리에 오일을 바른다(**3**). 이어서 둥글린 반죽 가운데에 물을 가볍게 바르고, 양귀비씨를 뿌린 원을 그 위에 올린다(**4**). 여러 가지 패턴의 스텐실을 원 위에 얹고 밀가루를 체에 쳐서 뿌린 다음, 조심스럽게 스텐실을 제거한다(**5**)(**6**).

굽기

- 오븐을 컨벡션 모드에서 145℃로 예열한다. 오븐 가운데 칸에 팬을 넣고 15분 굽는다.
- 오븐에서 꺼낸 프티 팽을 식힘망에 올려 식힌다.

1
2
3
4
5
6

Pain party

파티빵

난이도 ♧

작업 10~11분 **발효** 1시간 30분 **굽기** 20~25분 **기본온도** 58

파티빵 1개 분량

	T150 통밀가루 500g	물 600g	생이스트 20g
	T130 호밀가루 300g	소금 20g	버터 25g
	T55 밀가루 200g		
장식(선택)	양귀비씨	흰깨	밀가루 또는 향신료
식용 풀	T130 호밀가루 250g + 물 215g(스패출러로 섞은)		
	마무리용 덧가루		

정교한 기술이 필요한 환상적인 빵의 크리에이션

파티빵의 다양한 형태, 컬러, 높이 등은 예술적인 빵 반죽 작업에서 느낄 수 있는 가장 큰 즐거움이라고 할 수 있다. 대중들에게는 잘 알려지 있지 않지만, 유명한 제빵대회에서 전문 제빵사들은 파티빵으로 솜씨를 겨룬다. 뷔페 테이블의 품격을 높이고, 테크닉과 높은 수준의 실력이 요구되는 작업이다.

믹싱

- 믹싱볼에 통밀가루, 호밀가루, 밀가루, 물, 소금, 이스트, 버터를 넣는다. 저속으로 4분 섞은 다음, 중속으로 6~7분 믹싱한다. 믹싱이 끝난 반죽온도는 25℃이다. 믹싱볼을 랩으로 덮어 상온에서 30분 발효시킨다.

받침대

- 반죽에서 800g을 떼어내 밀대로 1㎝ 두께로 밀어 편 다음(**1**)(**2**), 원하는 모양으로 자른다. 커터로 가장자리를 깔끔하게 잘라낸다. 밀가루를 체에 쳐서 뿌린 다음, 가장자리에 칼집을 낸다(**3**). (스텐실을 이용해 반죽을 모양대로 잘라내고 장식해도 좋다.)
- 30×38㎝ 오븐팬에 유산지를 깔고 반죽을 올린다. 25℃로 맞춘 발효기에서 약 1시간 발효시킨다(p.54 참조).

메인 테마

- 반죽 500g을 떼어내 밀대로 8㎜ 두께로 밀어 편다. 표면에 물을 바르고 양귀비씨를 뿌린다(**4**). 30×38㎝ 오븐팬에 유산지를 깔고 반죽을 올린 다음 냉동고에 넣는다. 반죽이 단단해져서 자르기 쉬워질 때까지 기다린다.
- 냉동고에서 반죽을 꺼내고, 재단하기 전에 여분의 양귀비씨를 털어낸다(**5**). 스텐실을 이용해 메인 테마의 모양을 잘라낸다(**6**). 30×38㎝ 오븐팬에 유산지를 깔고 잘라낸 반죽을 올린다. 25℃ 맞춘 발효기에서 1시간 발효시킨다(p.54 참조).
- (원하는 경우) 밀가루나 향신료를 이용해 색을 입힌 다음(**7**), 작은 칼로 가장자리를 따라 작게 칼집을 낸다(**8**).

서브 테마

- 밀대로 남은 반죽을 6㎜ 두께로 밀어 편 다음, 원하는 모양의 서브 테마를 3개 재단한다. 그중 하나의 테마에 물을 바르고 양귀비씨를, 다른 테마에는 흰깨를, 마지막 테마에는 밀가루나 고운 향신료 가루를 체에 쳐서 입힌다. 30×38㎝ 오븐팬에 유산지를 깔고 반죽을 올린 다음, 25℃로 맞춘 발효기에서 1시간 발효시킨다(p.54 참조).
- 자투리 반죽을 모두 합쳐 5㎜ 두께로 밀어 편다. 포크로 반죽을 골고루 찌른 다음, 메인 테마 높이의 삼각형을 2개, 서브 테마 높이의 삼각형을 적어도 3개 자른다. 각각 다른 패턴의 스텐실을 이용해 모든 테마 반죽에 밀가루로 무늬를 입힌다.

굽기

- 오븐을 내추럴 컨벡션 모드에서 230℃로 예열한다. 오븐팬을 넣고 스팀을 넣어준 다음(p.50 참조), 20~25분 굽는다. 구워진 파티빵을 식힘망에 올려 식힌다.

몽타주

- 빵들이 식으면 받침대에 메인 테마를 올릴 자리를 정한 다음, 작은 칼로 테마가 넘어지지 않게 받쳐줄 삼각형을 놓을 자리를 표시한다. 약 5㎜ 깊이로 그 자리를 파놓는다.
- 작은 스푼 또는 짤주머니를 이용하여 파놓은 자리에 식용 풀을 채우고 삼각형 지지대를 끼워 넣는다(**9**). 빵이 닿을 지지대 앞면에 식용 풀을 바르고 메인 테마를 올린 다음 고정시킨다. 같은 방법으로 서브 테마도 배치한다.

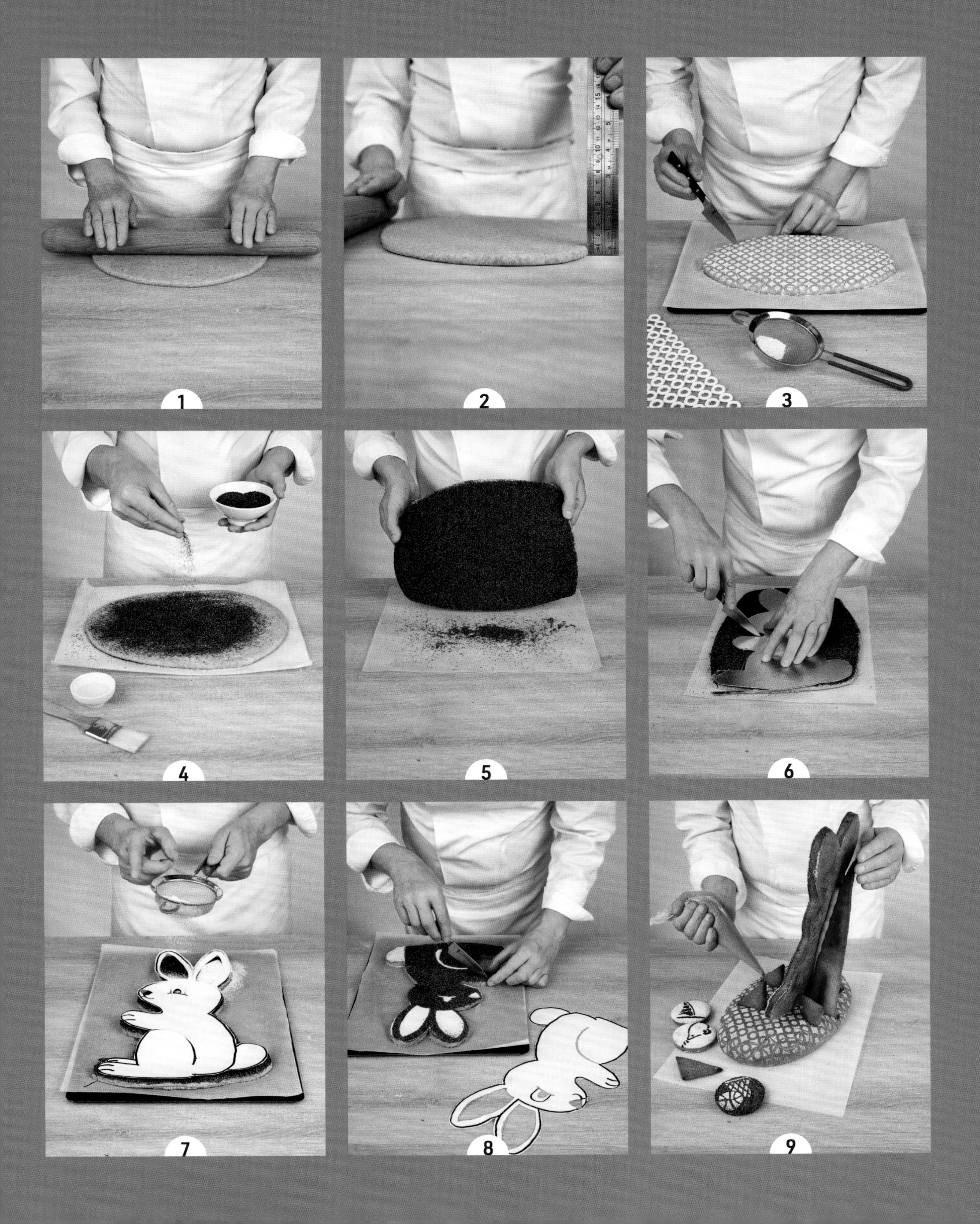
1
2
3
4
5
6
7
8
9

아로마틱 빵

Pains aromatiques

Pain au cidre et aux pommes

사과를 넣은

팽 오 시드르

난이도 ♧♧

전날_ 작업 10분 **발효** 30분 **냉장** 12시간
당일_ 작업 12분 **발효** 2시간 50분 **굽기** 30분
기본온도 58

팽 오 시드르 2개 분량

절이기	드라이시드르 138g	사과(작게 깍둑썰기한) 150g	스미르나산 건포도 100g
	발효반죽 150g		
믹싱	시드르 25g	프랑스 전통 밀가루 500g	생이스트 7.5g
	물 325g	소금 12.5g	
	해바라기씨 오일		

절이기 및 발효반죽(전날)

- 볼에 시드르, 사과, 건포도를 담는다. 랩으로 덮어 다음 날까지 냉장한다.
- 발효반죽을 만들어 다음 날까지 냉장한다(p.33 참조).

믹싱(당일)

- 볼에서 과일을 건져내고, 담금액 50g은 따로 둔다.
- 믹싱볼에 담금액, 시드르, 물, 밀가루, 소금, 이스트, 작은 조각으로 자른 발효반죽 150g을 담는다. 저속으로 7분 섞고, 중속으로 4분 믹싱한다. 절인 과일을 넣고 저속으로 1분 정도 돌려 반죽에 골고루 섞는다. 믹싱이 끝난 반죽온도는 23℃이다.

1차발효

- 반죽을 리넨천으로 덮어 상온에서 30분 휴지시킨다. 펀칭한 다음, 리넨천으로 덮어 상온에서 1시간 발효시킨다.

분할 및 성형

- 반죽을 약 535g씩 2등분한다. 각각의 반죽을 둥근 모양으로 가성형한다. 20분 휴지시킨다. 약간 긴 모양(바타르)으로 성형을 마무리한다.
- 작업대에 밀가루를 충분히 뿌리고 반죽을 올린다. 밀대를 반죽과 같이 긴 방향으로 놓고 1/3만 혀모양으로 넓게 밀어서 반죽 표면을 덮을 수 있게 한다. 밀어놓은 부분의 가장자리에 약 5㎜ 너비로 오일을 바르고, 가운데에는 물을 바른다. 밀어놓은 부분을 나머지 반죽 위로 접어올린 다음, 덧가루를 가볍게 뿌린 캔버스천 위에 접힌 부분이 위에 있는 그대로 올린다.

2차발효

- 젖은 리넨천으로 덮어 상온에서 1시간 발효시킨다.

굽기

- 오븐 가운데 칸에 30×38㎝ 오븐팬을 넣고, 내추럴 컨벡션 모드에서 240℃로 예열한다. 예열된 오븐팬을 꺼내 식힘망에 올린 다음 유산지를 깐다.
- 나무판을 이용하여 반죽을 조심스럽게 오븐팬 위로 올린다. 라메로 반죽 표면에 긴 쪽을 따라 칼집을 1개 낸 다음, 칼집 양쪽에 대각선으로 작은 칼집을 여러 개 낸다.
- 곧바로 오븐에 넣고 온도를 220℃로 낮춘다. 스팀을 넣어준 다음(p.50 참조) 30분 굽는다.
- 오븐에서 빵을 꺼내 식힘망에 올려 식힌다.

Pain feuilleté provençal

프로방스풍
팽 푀유테

난이도 ○○

전날_ 작업 10분 **냉장** 24시간
당일_ 발효 2시간 20분 **굽기** 2시간
기본온도 54

팽 푀유테 1개 분량

T65 밀가루 360g　생이스트 9g　물 180g
소금 7g　버터 17g

접기 드라이버터 140g

가니시 블랙올리브(4등분한) 85g　말린 토마토(4등분한) 140g
그린올리브(4등분한) 85g　생바질(다진)

틀에 바를 해바라기씨 오일

믹싱(전날)

- 믹싱볼에 밀가루, 소금, 이스트, 버터, 물을 넣는다. 저속으로 4분 섞은 다음, 중속으로 6분 믹싱한다. 반죽을 둥글려서 랩을 씌우고 24시간 냉장한다.

접기(당일)

- 버터를 14×14㎝ 정사각형으로 만든다(p.206 참조). 밀대로 반죽을 넓은 원모양으로 밀어 펴서 버터의 모서리가 원의 가장자리에 닿게 한다. 반죽 위에 버터를 올리고 반죽을 가운데로 접어서 버터를 감싼다.
- 4절접기 1번, 3절접기 1번(p.208 참조)을 한 다음, 랩을 씌워서 20분 냉동한다.

성형

- 밀대로 반죽을 크기 40×30㎝, 두께 3㎜ 직사각형으로 밀어 편다. 브러시로 반죽 표면에 물을 바르고 가니시를 뿌린다.
- 반죽을 말아서 길게 갈라 2등분한 다음 꼬아준다. 뚜껑이 있는 28×9×10㎝ 틀에 오일을 바르고 반죽을 넣는다.

2차발효

- 25℃로 맞춘 발효기에 넣고 반죽이 부풀어 뚜껑에 닿을 때까지 최소 2시간 발효시킨다(p.54 참조).

굽기

- 오븐을 내추럴 컨벡션 모드에서 220℃로 예열한다. 오븐 가운데 칸에 틀을 넣고, 온도를 160℃로 낮추어 2시간 굽는다.
- 오븐에서 꺼내 빵을 틀에서 빼내고 식힘망에 올려 식힌다.

Pain végétal aux légumineuses
렌틸콩을 넣은
비건빵

난이도 ♧♧♧

이 빵에 들어가는 르뱅 리퀴드를 준비하기 위해서는 4일이 걸린다.

전날_ 작업 20분 **굽기** 20분 **냉장** 12시간
당일_ 작업 8분 **발효** 2시간 20분~2시간 40분 **굽기** 40분
기본온도 90

비건빵 1개 분량

	르뱅 리퀴드 80g		
곡물 풀리시	코랄 렌틸콩 45g 검은 렌틸콩 45g	참깨(볶은) 25g 호박씨 20g	생이스트 1g 렌틸콩 삶은 물(물을 섞은) 200g
믹싱	프랑스 전통 밀가루 400g 소금 9g	생이스트 2g 물 150g	조정수 15g(선택)
호랑이무늬 아파레이	T130 호밀가루 90g 블론드 맥주 100g(5.5%)	생이스트 2g 블랙 커리 파우더 ¼작은술	
	틀에 바를 해바라기씨 오일		

오리지널 건강빵

식물성 단백질과 섬유질을 함유한 콩류를 넣어 빵의 영양가치를 높였다. 렌틸콩을 충분히 익히고, 콩 삶은 물은 따로 계량하여 풀리시에 사용한다. 곡물 풀리시에 들어가는 모든 재료는 골고루 섞어야 한다.

르뱅 리퀴드(4일 예정)

- 르뱅 리퀴드를 만든다(p.35 참조).

곡물 풀리시(전날)

- 냄비에 2가지 렌틸콩을 넣고 잠길 정도로 물을 붓는다. 끓을 때까지 가열해 약불로 약 20분 삶는다(**1**). 삶은 다음 렌틸콩을 체에 거르고 삶은 물은 따로 보관한다(**2**). 냉장한다.
- 볼에 삶은 렌틸콩, 볶은 참깨, 호박씨, 이스트, 물을 섞은 렌틸콩 삶은 물을 넣고 스패출러로 섞는다(**3**). 랩을 씌워 다음 날까지 냉장한다.

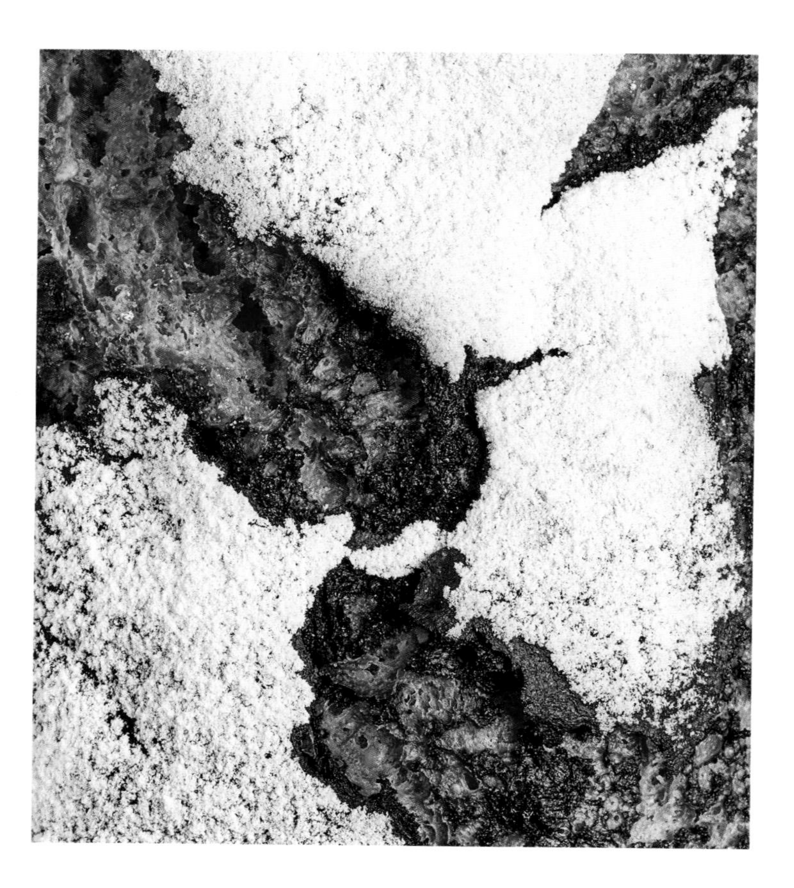

믹싱(당일)

- 믹싱볼에 풀리시, 밀가루, 소금, 이스트, 르뱅 리퀴드 80g(**4**), 물(조정수 제외)을 넣는다. 저속으로 3분 섞은 다음, 중속으로 5분 믹싱한다. 반죽이 볼 벽면에서 떨어지기 시작하면 조정수를 넣는다. 반죽이 다시 잘 떨어질 때까지 돌린다. 믹싱이 끝난 반죽 온도는 23~25℃이다.

1차발효

- 믹싱볼을 젖은 리넨천으로 덮어 30분 발효시킨다.
- 믹싱볼에서 반죽을 꺼내 작업대에서 펀칭한다. 젖은 리넨천으로 덮어 상온에서 30~45분 발효시킨다.

성형 및 호랑이무늬 아파레이

- 반죽을 긴 모양으로 가성형한 다음(p.42~43 참조), 10~15분 휴지시킨다.
- 휴지시키는 동안 호랑이무늬 아파레이를 만든다. 볼에 호밀가루, 맥주, 이스트, 커리파우더를 넣고 거품기로 섞는다(**5**). 보관한다.
- 반죽을 길게 성형하여 마무리하고, 미리 오일을 발라둔 28×9×10㎝ 틀에 넣는다(**6**). 부드러운 스패출러로 호랑이무늬 아파레이를 덧바른다(**7**). 빵 표면에 밀가루를 체에 쳐서 뿌리고, 10분 기다렸다가 다시 한 번 밀가루를 뿌린다(**8**)(**9**).

2차발효

- 틀의 뚜껑을 덮지 않고 상온에서 1시간 발효시킨다.

굽기

- 오븐을 내추럴 컨벡션 모드에서 240℃로 예열한다.
- 오븐 가운데 칸에 틀을 넣고 온도를 210℃로 낮춘다. 40분 굽는다.
- 오븐에서 꺼내 빵을 틀에서 빼내고, 식힘망에 올려 식힌다.

1
2
3
4
5
6
7
8
9

Pain spécial foie gras
푸아그라 스페셜빵

난이도

전날_ 작업 15분 **발효** 30분 **냉장** 12시간
당일_ 작업 11분 **발효** 2시간 50분 **굽기** 20~25분
기본온도 58

빵 3개 분량

곡물 풀리시	곡물믹스(브라운 아마씨, 골든 아마씨, 조, 양귀비씨) 100g		물 267g
	참깨(볶은) 40g	T170 호밀가루 40g	생이스트 1g
	발효반죽 113g		
믹싱	프랑스 전통 밀가루 534g	생이스트 13g	
	소금 10g	물 220g	
	건살구(작은 조각으로 자른) 100g	스미르나산 건포도 67g	
	건무화과(작은 조각으로 자른) 100g	헤이즐넛(볶은) 67g	
	틀에 바를 버터(무른)		

곡물 풀리시(전날)

• 볼에 곡물믹스, 볶은 참깨, 호밀가루, 물, 이스트를 넣고 거품기로 섞는다. 랩으로 덮어 다음 날까지 냉장한다.

발효반죽(전날)

• 발효반죽을 만들어 다음 날까지 냉장한다(p.33 참조).

믹싱(당일)

• 믹싱볼에 밀가루, 소금, 이스트, 작은 조각으로 자른 발효반죽, 물을 담는다. 풀리시를 넣는다. 저속으로 7분 섞은 다음, 중속으로 4분 믹싱한다. 다시 저속으로 돌리면서 건과일과 헤이즐넛을 넣는다. 믹싱이 끝난 반죽온도는 23℃이다.

1차발효

• 상온에서 30분 발효시킨다. 펀칭한 다음, 다시 상온에서 1시간 발효시킨다.

분할 및 성형

• 반죽을 약 550g씩 3등분한다. 각각의 반죽을 둥근 모양으로 가성형한다. 20분 휴지시킨다.
• 긴 모양으로 성형을 마무리한다(p.42~43 참조). 미리 버터를 발라둔 19×9×7㎝ 틀 3개에 반죽을 담는다.

2차발효

• 상온에서 1시간 발효시킨다.

굽기

• 오븐을 내추럴 컨벡션 모드에서 240℃로 예열한다.
• 반죽 표면에 대각선으로 7개의 칼집을 낸 다음, 곧바로 오븐 가운데 칸에 넣는다. 스팀을 넣어주고(p.50 참조) 20~25분 굽는다.
• 오븐에서 꺼내 빵을 틀에서 빼내고, 식힘망에 올려 식힌다.

Pain de mie Arlequin

팽 드 미 아를르캥

난이도 ♧♧

작업 10~12분 **발효** 3시간 20분 **굽기** 1시간 02분 **기본온도** 58

팽 드 미 아를르캥 1개 분량

강황반죽	T45 그뤼오 밀가루 150g	소금 3g	우유 100g
	생이스트 3.6g	달걀 ½개(25g)	강황 1.5g
	설탕 15g	버터(무른) 15g	
오징어먹물반죽	T45 그뤼오 밀가루 150g	소금 3g	우유 100g
	생이스트 3.6g	달걀 ½개(25g)	오징어먹물 10g
	설탕 15g	버터(무른) 15g	
비트반죽	T45 그뤼오 밀가루 150g	소금 3g	우유 37g
	생이스트 3.6g	버터(무른) 15g	비트즙 80g
	설탕 15g		
	틀에 바를 오일		
시럽	물 100g	설탕 130g	

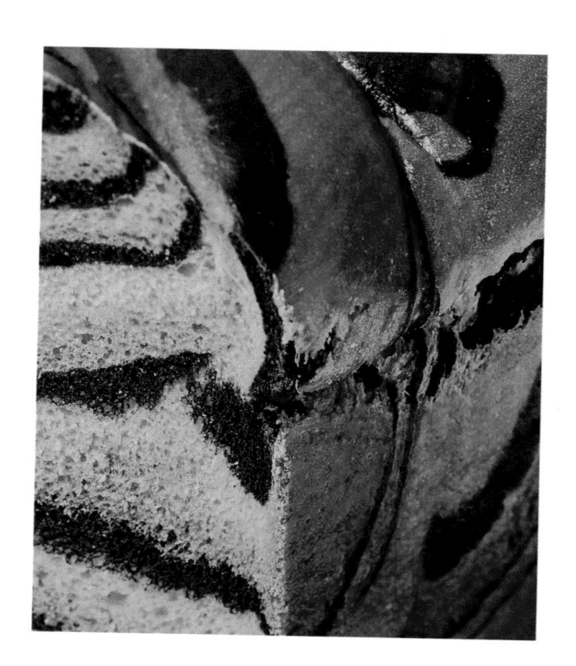

색감이 다채로운 식빵

팽 드 미 아를르캥의 독창성은 빵 속살의 줄무늬에 있다. 이 레시피에 다른 천연색소의 색을 사용해도 괜찮다. 예를 들어, 강황 대신 커리, 비트즙 대신 토마토즙이나 시금치즙, 적양배추 등 다양한 재료를 사용할 수 있다.

TIP 작업대에 컬러 반죽의 색이 물드는 것을 방지하려면 실리콘매트를 깔고 반죽을 밀어 편다.

믹싱

- 믹싱볼에 밀가루, 이스트, 설탕, 소금, 달걀, 버터, 우유, 강황을 넣는다. 저속으로 3~4분 섞은 다음, 중속으로 7~8분 믹싱한다.
- 같은 방식으로 강황 대신 오징어먹물, 비트즙을 각각 넣어 반죽을 한다(**1**)(**2**)(**3**). 믹싱이 끝난 반죽온도는 23℃이다.

1차발효

- 믹싱볼에서 반죽을 꺼내 각각 볼에 담고 랩으로 덮는다. 상온에서 20분 발효시킨다.
- 펀칭한 다음 랩으로 덮어 1시간 냉장한다.

성형

- 실리콘매트 위에 반죽을 올리고, 밀대로 각 반죽을 28×9㎝ 직사각형으로 밀어 편다(**4**).
- 브러시로 강황반죽 표면에 물을 가볍게 바르고, 그 위에 오징어먹물반죽을 포개 놓는다. 오징어먹물반죽 표면에 다시 물을 바르고 비트반죽을 올린다(**5**).
- 반죽을 원통모양으로 단단하게 만 다음(**6**), 길게 갈라서 2등분한다(**7**). 두 가닥을 꼬아(**8**) 오일을 듬뿍 바른 28×9×10㎝ 틀에 넣는다(**9**).

2차발효

- 25℃로 맞춘 발효기에서 2시간 발효시킨다(p.54 참조).

굽기

- 오븐을 컨벡션 모드에서 145℃로 예열한다. 오븐 가운데 칸에 틀을 올리고 1시간 굽는다.
- 작은 냄비에 물과 설탕을 넣고 끓여 시럽을 만든다. 불에서 내려 식힌다. 팽 드 미를 오븐에서 꺼내 시럽을 듬뿍 바른 다음, 다시 오븐에 2분 넣는다.
- 오븐에서 꺼내 빵을 틀에서 빼내고, 식힘망에 올려 식힌다.

NOTE 플레인 팽 드 미를 만들고 싶다면 다음 재료로 반죽을 만든다.
T45 그뤼오 밀가루 450g, 생이스트 11g, 설탕 45g, 소금 9g, 달걀 1개(50g), 버터(무른) 45g, 우유 300g.
1차발효를 한 반죽을 긴 모양으로 단단하게 말아 성형한 다음 틀에 넣는다. 위에서 설명한 2차발효와 굽기 과정을 따라 완성한다.

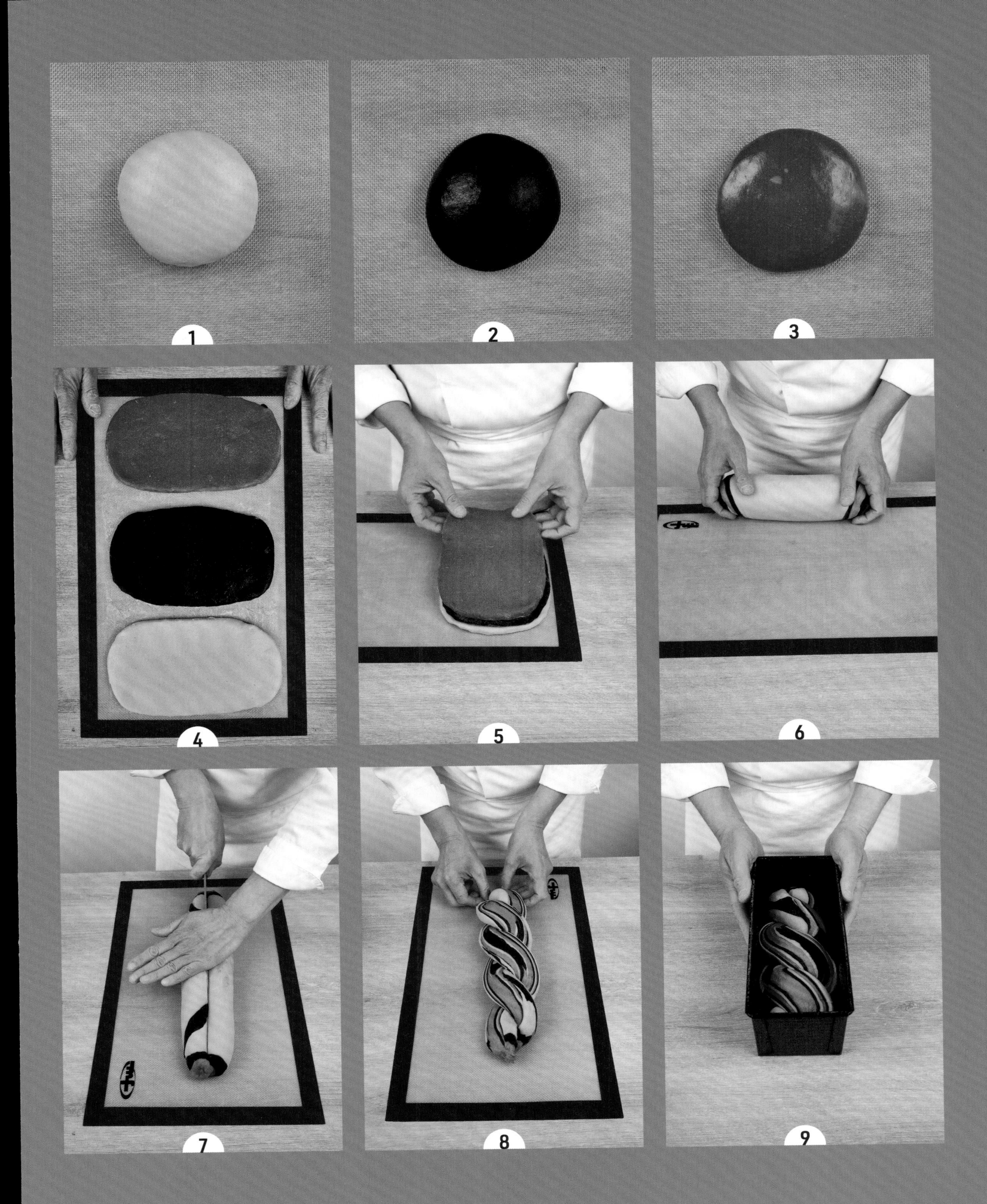
1
2
3
4
5
6
7
8
9

Bâtonnet de seigle aux raisins secs

건포도를 넣은

호밀 바토네

난이도 ♧♧

전날_ 작업 10분 **발효** 30분 **냉장** 12시간
당일_ 작업 10분 **발효** 1시간 **굽기** 20분
기본온도 77

바토네 6개 분량

발효반죽 200g

믹싱 물 200g, T130 호밀가루 250g, 게랑드소금 5g, 생이스트 0.8g, 스미르나산 건포도 80g

발효반죽(전날)

• 발효반죽을 만들어 다음 날까지 냉장한다(p.33 참조).

믹싱(당일)

• 믹싱볼에 물을 붓고 작은 조각으로 자른 발효반죽, 호밀가루, 소금, 이스트를 넣는다. 저속으로 4분 섞은 다음, 중속으로 4분 믹싱한다. 다시 저속으로 돌리면서 건포도를 넣고 골고루 섞는다. 믹싱이 끝난 반죽온도는 25~27℃이다.

1차발효

• 반죽을 작업대에 올린 다음, 젖은 리넨천으로 덮어 상온에서 15분 발효시킨다.

분할 및 성형

• 작업대에 밀가루를 뿌리고 반죽을 크기 18×12㎝, 두께 1.5㎝ 직사각형으로 밀어 편다. 너비 3㎝, 무게 120g 정도의 막대(바토네) 6개를 자른다. 오븐팬에 유산지를 깔고, 밀가루가 묻은 쪽이 위로 오게 올린다.

2차발효

• 젖은 리넨천으로 덮어 상온에서 45분 발효시킨다.

굽기

• 오븐 가운데 칸에 30×38㎝ 오븐팬을 넣고, 내추럴 컨벡션 모드에서 260℃로 예열한다.
• 예열된 오븐팬을 꺼내 식힘망에 올린다. 바토네 반죽을 올린 유산지를 미끄러트려서 뜨거운 팬으로 옮긴다. 건포도가 타지 않게 최대 20분 굽는다. 오븐에서 바토네를 꺼내 식힘망에 올려 식힌다.

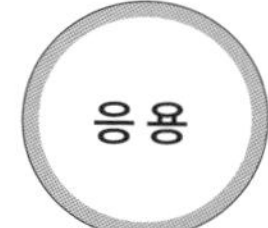

핑크 프랄린을 넣은 호밀빵 Pain de seigle aux pralines roses

• 위 레시피의 건포도를 핑크 프랄린 160g으로 대체하여 반죽을 만든다. 상온에서 45분 발효시킨 다음, 미리 버터를 발라둔 18×5.5×5.5㎝ 틀 2개에 반죽을 담고 젖은 리넨천으로 덮어 상온에서 45분 발효시킨다.
• 오븐을 내추럴 컨벡션 모드에서 220℃로 예열한다. 반죽에 밀가루를 뿌리고 오븐팬 2개를 겹친 다음, 그 위에 틀을 올려 오븐 가운데 칸에 넣는다. 오븐온도를 180℃로 낮추어 30분 굽는다. 오븐에서 꺼내 빵을 틀에서 빼내고, 유산지를 깐 식힘망에 올려 식힌다.

Pain au beaujolais et à la rosette

로제트 소시지를 넣은

팽 오 보졸레

난이도

전날_ 작업 10분 **발효** 30분 **냉장** 12시간
당일_ 작업 12분 **발효** 2시간 50분 **굽기** 20~25분
기본온도 58

팽 오 보졸레 2개 분량

	발효반죽 100g		
믹싱	프랑스 전통 밀가루 500g	생이스트 10g	물 120g
	소금 7g	보졸레와인 180g	로제트 소시지*(얇게 슬라이스한) 200g
	마무리용 덧가루		

* 로제트 소시지(Rosette)_ 프랑스 리옹 특산의 수제 건조 소시지.

발효반죽(전날)

- 발효반죽을 만들어 다음 날까지 냉장한다(p.33 참조).

믹싱(당일)

- 믹싱볼에 밀가루, 소금, 이스트, 작은 조각으로 자른 발효반죽, 보졸레와인, 물을 넣는다. 저속으로 7분 섞은 다음, 중속으로 4분 믹싱한다. 다시 저속에서 로제트 소시지를 넣고, 소세지가 찢어지면서 반죽에 골고루 섞일 때까지 1분 돌린다. 믹싱이 끝난 반죽온도는 23℃이다.

1차발효

- 리넨천으로 덮어 상온에서 30분 발효시킨다. 펀칭한 다음 상온에서 1시간 발효시킨다.

분할 및 성형

- 반죽을 약 550g씩 2등분한다. 각각의 반죽을 둥근 모양으로 가성형한 후, 20분 휴지시킨다.
- 긴 모양으로 성형을 마무리한 다음(p.42~43 참조), 손날로 반죽을 3등분하듯이 자국을 내고 밀가루에 굴린다. 캔버스천에 가볍게 덧가루를 뿌리고 반죽의 이음매가 아래로 가게 올린다.

2차발효

- 상온에서 1시간 발효시킨다.

굽기

- 오븐 가운데 칸에 30×38㎝ 오븐팬을 넣고, 내추럴 컨벡션 모드에서 240℃로 예열한다.
- 예열된 오븐팬을 꺼내 식힘망에 올린다. 나무판으로 반죽을 조심스럽게 오븐팬 위로 옮긴다. 오븐에 넣고 스팀을 넣어준 다음(p.50 참조), 20~25분 굽는다.
- 오븐에서 꺼낸 빵을 식힘망에 올려 식힌다.

Pain sans gluten aux graines

곡물을 넣은

글루텐프리빵

난이도

이 빵에 들어가는 르뱅이 충분한 힘과 적절한 산도를 갖추려면
최종작업 전에 4일 동안 준비해야 한다.

르뱅 작업_ 4일
전날(4일째)_ **굽기** 10분
당일(5일째)_ **작업** 7분 **발효** 1시간 30분~1시간 45분 **굽기** 50분
기본온도 60

글루텐프리빵 3개

밤가루 르뱅	밤가루 80g	물 160g	
구운 곡물	양귀비씨 25g 참깨 25g	골든 아마씨 25g 물 60g	
믹싱	생이스트 10g 물 500g 쌀가루 300g	밤가루 200g 소금 12g	잔탄검 15g 밤가루 르뱅 240g
장식	양귀비씨 15g	참깨 15g	골든 아마씨 15g

풍미 좋은 르뱅빵

글루텐프리빵에서 르뱅은 중심적인 역할을 한다. 발효시간 역시 중요한데, 그에 따라 빵맛이 달라지기 때문이다.
잔탄검은 물을 흡수하여 반죽을 끈끈하게 만들고, 글루텐이 없기 때문에 생기는 구조적인 약점을 일부 보완하는 역할을 한다.

밤가루 르뱅(1~4일째)

- **1일째** 볼에 밤가루 20g과 28℃ 물 40g을 넣고 스패출러로 섞는다. 랩으로 덮어 다음 날까지 상온에 둔다.
- **2일째** 전날 준비한 내용물에 밤가루 20g과 28℃ 물 40g을 넣는다. 잘 섞은 다음 덮개를 씌워 다음 날까지 상온에 둔다(**1**).
- **3일째** 전날 준비한 내용물에 밤가루 20g과 28℃ 물 40g을 넣는다. 잘 섞은 다음 덮개를 씌워 다음 날까지 상온에 둔다.
- **4일째** 전날 준비한 내용물에 밤가루 20g과 28℃ 물 40g을 넣는다. 잘 섞은 다음 덮개를 씌워 다음 날까지 상온에 둔다.

구운 곡물 섞기(4일째)

- 오븐을 내추럴 컨벡션 모드에서 180℃로 예열한다. 양귀비씨, 참깨, 골든 아마씨를 30×38㎝ 오븐팬에 담아 오븐에 넣고 10분 굽는다. 골고루 굽기 위해 5분이 지나면 오븐팬을 돌린다. 오븐에서 구워진 곡물을 꺼내 곧바로 물과 섞어(**2**) 다음 날까지 냉장한다.

믹싱(5일째)

- 플랫비터를 끼운 믹싱볼에 이스트, 물, 쌀가루와 밤가루, 소금, 잔탄검, 밤가루 르뱅 240g, 구워서 물에 불린 곡물믹스를 넣는다(**3**). 저속으로 5분 섞은 다음, 고속으로 2분 믹싱한다.

1차발효

- 믹싱볼을 랩으로 덮고 상온에서 45분 휴지시킨다.

성형

- 18×8×7㎝ 틀 3개의 내부에 유산지를 깐다(**4**). 반죽을 3등분하여 각 틀에 채운다. 스푼 뒷면에 물을 묻혀 반죽 높이를 고르게 정리한다(**5**).

2차발효

- 상온에서 45분~1시간 발효시킨다.

굽기

- 오븐을 내추럴 컨벡션 모드에서 210℃로 예열한다.
- 작은 용기에 장식용 곡물을 섞는다. 브러시로 반죽 표면에 조심스럽게 물을 바르고 장식용 곡물믹스를 뿌린다(**6**). 오븐 가운데 칸에 틀을 넣고 스팀을 넣어준 다음(p.50 참조), 210℃에서 20분, 180℃에서 30분 굽는다.
- 오븐에서 빵을 꺼내 틀에서 빼내고, 식힘망에 올려 식힌다.

1
2
3
4
5
6

Barres aux épinards, chèvre, abricots secs, graines de courge et romarin

셰브르치즈, 건살구, 호박씨, 로즈메리를 넣은 시금치 바

난이도 1

작업 10분 **발효** 1시간 35분 **굽기** 15분

시금치 바 10개 분량

T45 밀가루 250g
시금치 어린잎(씻어서 줄기 제거) 150g
소금 5g
설탕 10g
생이스트 10g
물 50g 정도
버터 30g

가니시 프레시 셰브르치즈 130g 건살구(작은 조각으로 자른) 60g 로즈메리(다진) 1g

마무리 달걀 1개+달걀노른자 1개(함께 푼)
올리브오일 호박씨(볶은)

믹싱

- 믹싱볼에 밀가루, 시금치, 소금, 설탕, 이스트를 넣는다. 물을 조금씩 넣어가며 저속으로 4분 돌려 반죽을 골고루 섞는다. 고속으로 믹싱하여 탄력 있는 반죽을 만든다. 버터를 넣고 다시 고속으로 믹싱하여 탄력 있는 상태의 반죽으로 마무리한다.

1차발효

- 젖은 리넨천으로 덮어 상온에서 45분 발효시킨다.

분할 및 성형

- 반죽을 2등분하여 각각 타원형으로 가성형한다. 젖은 리넨천으로 덮어 20분 휴지시킨다.
- 밀대로 각 반죽을 32×20㎝ 직사각형으로 밀어 편다. 가장자리에 물을 바르고, 하나의 반죽에 셰브르치즈를 펴 바른 다음 건살구와 로즈메리를 뿌린다. 다른 반죽으로 덮는다. 30×38㎝ 오븐팬에 유산지를 깔고 반죽을 올린다. 랩으로 덮어 쉽게 자를 수 있을 정도로 단단해질 때까지 냉동한다.
- 반죽을 18×3㎝ 크기의 띠모양으로 잘라서 30×38㎝ 오븐팬에 올린다.

2차발효

- 25℃로 맞춘 발효기에서 30분 발효시킨다(p.54 참조).

굽기

- 오븐을 컨벡션 모드에서 155℃로 예열한다. 시금치 바에 달걀물을 바르고 호박씨를 뿌린다. 오븐에 넣고 온도를 140℃로 낮추어 15분 굽는다.
- 오븐에서 꺼낸 시금치 바를 식힘망에 올리고 올리브오일을 듬뿍 바른다.

Petits pains spécial buffet

스페셜 뷔페 프티 팽

난이도 ♨

작업 12분 **발효** 1시간 30분~2시간 **냉장** 1시간 **냉동** 1시간~1시간 30분 **굽기** 10~15분
기본온도(시금치 프티 팽) 56

팽 오 레 반죽

T45 그뤼오 밀가루 1㎏
우유 650g
소금 18g
설탕 40g
생이스트 30g
버터(차가운) 250g

전체 프티 팽용 달걀물 달걀 2개+달걀노른자 2개(함께 푼)

오징어먹물 '번' 프티 팽 12개 분량

팽 오 레 반죽 475g
오징어먹물 25g

참깨

모르네소스와 에스플레트 고춧가루를 넣은 프티 팽 12개 분량

팽 오 레 반죽 480g
모르네소스 360g

모르네소스
버터 24g
T55 밀가루 32g
우유(차가운) 242g
달걀노른자(소) 1개(14g)
치즈(간) 48g
소금, 후추, 에스플레트 고춧가루

올리브오일
에스플레트 고춧가루

캐러멜라이즈한 헤이즐넛과 호두를 넣은 강황 프티 팽 10개 분량

팽 오 레 반죽 550g
강황 6g

캐러멜라이즈한 헤이즐넛과 호두
설탕 40g
물 10g
호두 40g
헤이즐넛 40g
버터 10g

헤이즐넛 10개
틀에 바를 버터(무른)

해초 프티 팽 10개 분량

팽 오 레 반죽 400g
해초버터 50g

시금치 '번' 프티 팽 10~12개 분량

T45 밀가루 250g
시금치 어린잎(씻어서 물기 제거) 150g
소금 5g
설탕 10g
생이스트 10g
버터 30g
물 25g(시금치의 수분량에 따라 조절)

검은깨

TIP 믹싱이 끝난 팽 오 레 반죽은 큰 용기에 담아 24시간 냉장 보관할 수 있다. 이 과정으로 반죽의 힘과 아로마가 잘 발달된다.

팽 오 레 반죽

- 믹싱볼에 밀가루, 우유, 소금, 설탕, 이스트, 버터를 넣는다. 저속으로 4분 섞은 다음 중속으로 8분 믹싱한다.
- 믹싱볼에서 반죽을 꺼내 작업대에 올린 다음 젖은 리넨천으로 덮는다.

모르네소스와 에스플레트 고춧가루를 넣은 프티 팽

- 모르네소스를 만든다. 냄비에 버터를 녹인 다음, 밀가루를 넣고 약불에서 계속 저어가며 몇 분 익힌다. 차가운 우유를 붓고 거품기로 저으며 끓을 때까지 가열한다. 불에서 내려 달걀노른자, 간 치즈, 소금, 후추, 에스플레트 고춧가루를 넣고 섞는다. 지름 4㎝ 인서트 실리콘몰드에 모르네소스를 30g씩 채운 다음(**1**), 냉동하여 굳힌다(1시간 정도).
- 팽 오 레 반죽 480g을 약 40g씩 12등분한다. 각각 공모양으로 성형한 다음, 유산지를 깐 30×38㎝ 오븐팬 2개에 반죽을 나누어 올린다. 랩으로 덮어 1시간 냉장한다.
- 냉장고에서 공모양 반죽을 꺼내 밀대로 지름 8㎝ 원모양으로 민다. 반죽 가운데에 냉동한 모르네소스 인서트를 올리고, 가장자리 반죽으로 인서트를 감싸서 끝을 여민다(**2**). 이음매가 아래로 가게 반죽을 뒤집어서 유산지를 깐 2개의 오븐팬에 나누어 올린다. 달걀물을 바르고 25℃로 맞춘 발효기에서 1시간 30분 발효시킨다(p.54 참조).
- 오븐을 내추럴 컨벡션 모드에서 200℃로 예열한다. 발효기에서 꺼낸 오븐팬의 네 모서리에 높이 3㎝의 굄쇠를 놓고 유산지와 오븐팬을 올린다(**3**). 오븐에 넣어 8분 굽는다. 위에 올린 오븐팬과 유산지를 제거하고 3~4분 더 굽는다.
- 오븐에서 빵을 꺼내 올리브오일을 바르고 에스플레트 고춧가루를 뿌린다. 식힘망에 올려 식힌다.

해초 프티 팽

- 해초버터를 5g씩 10조각 계량한다. 각각의 버터 조각을 4㎝ 길이의 원통모양으로 굴린 다음, 랩으로 감싸 단단해질 때까지 냉동한다(약 20분).
- 팽 오 레 반죽 400g을 약 40g씩 10등분한다. 각각 공모양으로 성형한 다음(**4**), 유산지를 깐 30×38㎝ 오븐팬 위에 올린다. 달걀물을 바르고 25℃로 맞춘 발효기에서 45분~1시간 발효시킨다(p.54 참조).
- 반죽을 올린 유산지를 작업대 위로 미끄러트려서 옮긴다. 지름 1.5㎝ 소형 밀대를 물에 담갔다가 동그란 반죽 한가운데에 올리고 누른 다음(**5**) 조심스럽게 떼어낸다. 반죽 표면에 다시 달걀물을 바르고, 밀대로 누른 홈에 원통모양으로 얼린 해초버터를 올린다(**6**). 다시 유산지를 오븐팬으로 미끄러트려서 옮긴다.
- 오븐을 내추럴 컨벡션 모드에서 160℃로 예열한다. 오븐 가운데 칸에 팬을 넣고 10분 굽는다. 오븐에서 꺼낸 해초 프티 팽을 식힘망에 올려 식힌다.

1
2
3
4
5
6

오징어먹물 ‘번’ 프티 팽

- 팽 오 레 반죽 475g을 믹싱볼에 넣고 믹서에 플랫비터를 끼운 다음, 오징어먹물을 넣는다. 저속으로 반죽 색깔이 균일해질 때까지 섞는다. 반죽을 믹싱볼에서 꺼내 펀칭한 다음, 리넨천으로 덮어 상온에서 30~40분 발효시킨다.
- 반죽을 약 40g씩 12등분한다. 공모양으로 성형하여(**1**), 유산지를 깐 30×38㎝ 오븐팬에 올린다. 달걀물을 바르고 참깨를 뿌린다(**2**). 25~28℃ 발효기에서 1시간 발효시킨다(p.54 참조).
- 오븐을 내추럴 컨벡션 모드에서 145℃로 예열한다. 오븐 가운데 칸에 오븐팬을 넣고 12분 굽는다. 오븐에서 꺼낸 오징어먹물 번을 식힘망에 올려 식힌다.

캐러멜라이즈한 헤이즐넛과 호두를 넣은 강황 프티 팽

- 헤이즐넛과 호두를 캐러멜라이즈한다. 작은 냄비에 설탕과 물을 넣고 호박색이 날 때까지 가열한다. 헤이즐넛과 호두를 넣는다. 내열 스패출러로 계속 저어가며 헤이즐넛과 호두에 캐러멜을 입힌다. 버터를 넣어 섞고, 유산지 위에 헤이즐넛과 호두가 서로 붙지 않게 펼쳐서 식힌다. 큰 칼로 굵게 다진다.
- 믹싱볼에 팽 오 레 반죽 550g을 넣고 믹서에 플랫비터를 건 다음 강황, 캐러멜라이즈한 헤이즐넛과 호두를 넣는다(**3**). 저속으로 돌려 반죽과 재료를 고르게 섞는다. 반죽을 믹싱볼에서 꺼내 펀칭한 다음 리넨천으로 덮어 상온에서 30분 발효시킨다.
- 반죽을 약 60g씩 10등분한 다음, 각각 공모양으로 성형한다. 지름 6㎝, 높이 4.5㎝ 무스링 안쪽에 버터를 바르고 유산지를 무스링보다 1㎝ 더 높게 두른 다음, 반죽을 하나씩 넣는다. 달걀물을 바른다. 유산지를 깐 30×38㎝ 오븐팬에 올리고, 25℃로 맞춘 발효기에서 1시간 30분 발효시킨다(p.54 참조).
- 오븐을 내추럴 컨벡션 모드에서 145℃로 예열한다. 가위로 반죽 윗면에 십자 칼집을 낸 다음(**4**), 헤이즐넛을 하나씩 끼워 넣는다. 오븐 가운데 칸에 넣고 12~15분 굽는다. 오븐에서 꺼낸 프티 팽을 식힘망에 올려 식힌다.

시금치 ‘번’ 프티 팽

- 믹싱볼에 밀가루, 시금치, 소금, 설탕, 이스트, 버터, 물을 넣는다(**5**). 저속으로 4분 섞은 다음, 중속으로 8분 믹싱한다. 믹싱볼에서 반죽을 꺼내 펀칭한 다음, 젖은 리넨천으로 덮어 상온에서 30~40분 발효시킨다.
- 반죽을 약 40g씩 10~12등분한다. 각각 공모양으로 성형하여 유산지를 깐 30×38㎝ 오븐팬에 올린다. 달걀물을 바르고 검은깨를 뿌린다(**6**). 25~28℃로 맞춘 발효기에서 1시간 발효시킨다(p.54 참조).
- 오븐을 내추럴 컨벡션 모드에서 145℃로 예열한 다음, 오븐팬을 넣고 12분 굽는다. 오븐에서 꺼낸 프티 팽을 식힘망에 올려 식힌다.

1
2
3
4
5
6

지역 특산빵

Pains régionaux

Tourte de seigle

오베르뉴

호밀 투르트

난이도

이 빵에 들어가는 르뱅 리퀴드와 호밀 르뱅 뒤르를 준비하기 위해서는 4일이 걸린다.

전날_ 작업 3~4분 **발효** 2시간 **냉장** 12시간
당일_ 작업 6~7분 **발효** 2시간 30분 **굽기** 40분

투르트 1개 분량

호밀 르뱅 뒤르 리프레시	호밀 르뱅 뒤르 150g		
	T170 호밀가루 500g	40℃ 물 300g	
오베르뉴풍 호밀 르뱅	르뱅 리퀴드 220g		
	약 80℃ 물 50g	T170 호밀가루 65g	
믹싱	약 70℃ 물 190g	T130 호밀가루 190g	게랑드소금 7g
	바느통에 뿌릴 덧가루		

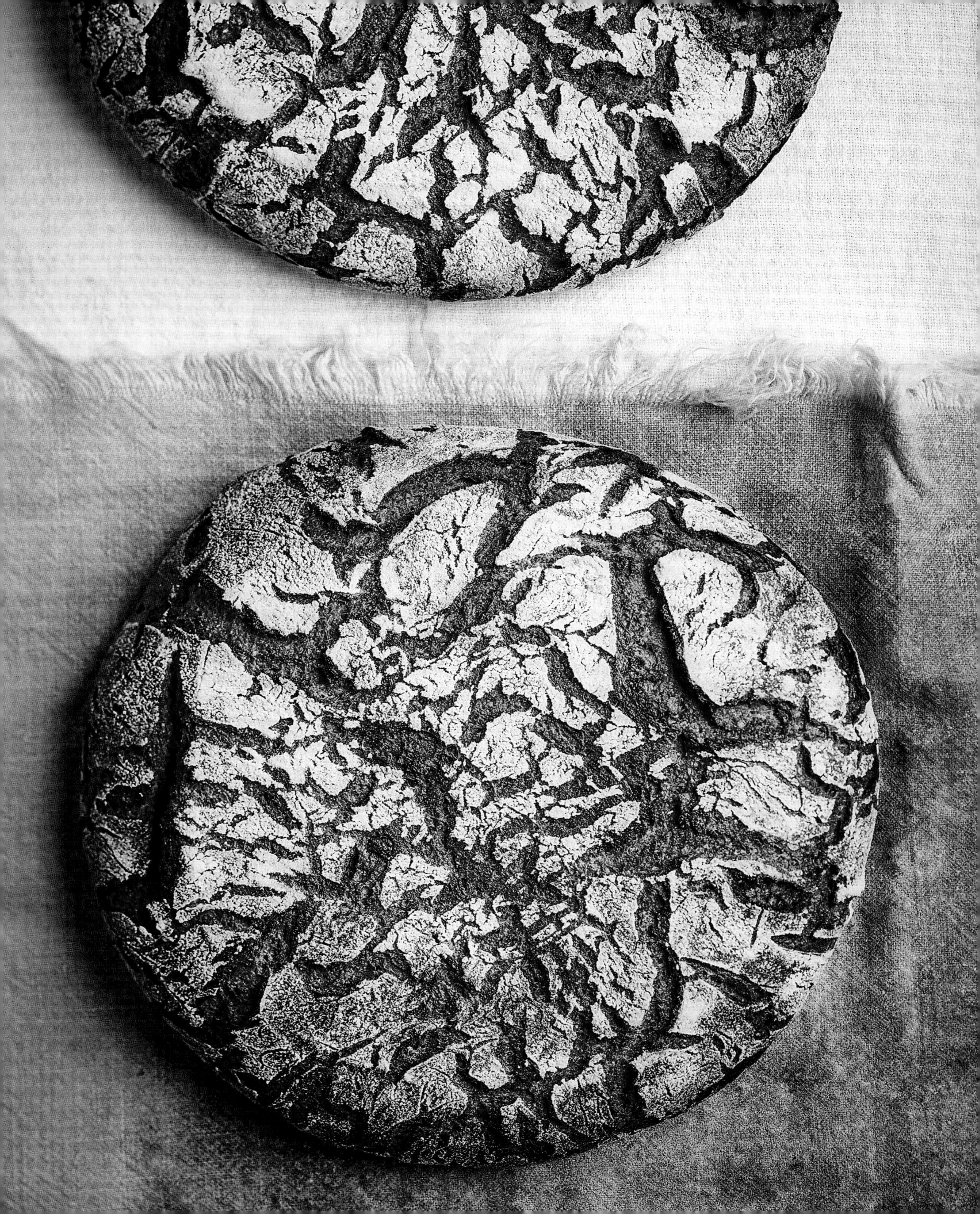

르뱅 리퀴드와 호밀 르뱅 뒤르(4일 예정)

- 2종류의 르뱅을 만든다(p.35~36 참조).

호밀 르뱅 뒤르 리프레시(전날)

- 믹서에 플랫비터를 끼우고, 믹싱볼에 호밀가루, 호밀 르뱅 뒤르 150g, 물을 넣는다(**1**). 저속으로 3~4분 섞는다. 반죽을 둥글려서 랩으로 덮는다. 상온에 2시간 두었다가 다음 날까지 냉장한다.

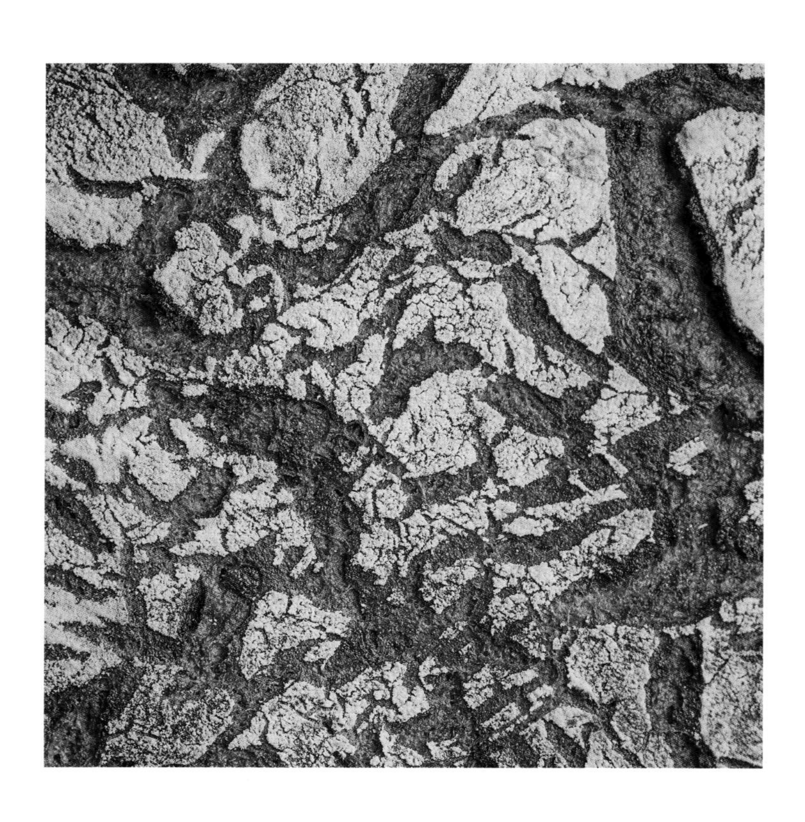

오베르뉴풍 호밀 르뱅(당일)

- 믹서에 후크를 걸고, 믹싱볼에 물, 르뱅 리퀴드 220g, 작은 조각으로 자른 호밀 르뱅 뒤르 리프레시 220g, 호밀가루를 넣는다(**2**). 저속으로 4분 섞는다. 믹싱볼을 랩으로 덮고 1시간 발효시킨다.

믹싱

- 위의 믹싱볼에 뜨거운 물, 호밀가루, 소금을 넣는다(**3**). 중속으로 2~3분 믹싱한다. 믹싱이 끝난 반죽온도는 30~35℃이다(**4**).

1차발효

- 반죽을 믹싱볼에 그대로 두고 덮개를 씌워 1시간 15분 발효시킨다.

성형

- 덧가루를 뿌려둔 지름 24㎝ 바느통에 반죽을 담는다(**5**).

2차발효

- 상온에서 15분 발효시킨다(**6**).

굽기

- 오븐 가운데 칸에 30×38㎝ 오븐팬을 넣고 내추럴 컨벡션 모드에서 260℃로 예열한다.
- 예열된 오븐팬을 꺼내 식힘망에 올린다. 유산지 위에 바느통을 뒤집은 다음(**7**), 뜨거운 팬 위로 유산지를 조심스럽게 미끄러트려서 옮긴다. 오븐에 넣고 스팀을 넣어준다(p.50 참조). 10분 후 스팀을 뺀다. 오븐을 끄고 30분, 또는 빵 중심부의 온도가 최소 98℃가 될 때까지 익힌다(**8**)(**9**).
- 오븐에서 꺼낸 투르트를 식힘망에 올려 식힌다.

1
2
3
4
5
6
7
8
9

Pain brié

노르망디

팽 브리에

난이도 ♔

전날_ **작업** 10분 **발효** 30분 **냉장** 12시간
당일_ **작업** 11분 **발효** 2시간 05분 **굽기** 40분
기본온도 60

팽 브리에 2개 분량

	발효반죽 350g		
믹싱	물 140g	T65 밀가루 350g	버터(상온) 10g
	생이스트 5g	소금 7g	

발효반죽(전날)

- 발효반죽을 만들어 다음 날까지 냉장한다(p.33 참조)

믹싱(당일)

- 믹싱볼에 물, 이스트, 밀가루, 작은 조각으로 자른 발효반죽, 소금, 버터를 넣는다. 저속으로 10분 믹싱한 다음, 중속으로 1분 더 돌린다. 믹싱이 끝난 반죽은 상당히 되고 건조한 상태이다.

분할

- 반죽을 약 430g씩 2등분한 다음, 각각 단단하게 둥글려서 가성형한다.

1차발효

- 반죽을 리넨천으로 덮어 상온에서 5분 휴지시킨다.

성형

- 반죽을 약 20㎝ 길이로 길게 성형하여 유산지를 깐 오븐팬 위에 올린다. 라메로 반죽 한가운데에 세로로 길게 칼집을 낸 다음, 양옆에 일정한 간격으로 칼집을 3개씩 낸다.

2차발효

- 25℃로 맞춘 발효기에서 2시간 발효시킨다(p.54 참조).

굽기

- 오븐 가운데 칸에 30×38㎝ 오븐팬을 넣고 내추럴 컨벡션 모드에서 210℃로 예열한다.
- 예열된 오븐팬을 꺼내 식힘망에 올린 다음, 뜨거운 팬 위로 유산지를 미끄러트려서 반죽을 옮긴다. 팬을 오븐에 넣고 스팀을 넣어준 후(p.50 참조) 40분 굽는다. 빵 색깔이 너무 진해질 경우, 30분이 지나면 오븐온도를 200℃로 낮춘다.
- 오븐에서 빵을 꺼내 식힘망에 올려 식힌다.

Pain de Lodève

옥시타니

팽 드 로데브

난이도 ⌂⌂

이 빵에 들어가는 르뱅 리퀴드를 준비하기 위해서는 4일이 걸린다.

전날_ 작업 8분 **발효** 1시간 30분 **냉장** 12시간
당일_ 발효 1시간 45분~2시간 **굽기** 20~25분
기본온도 56

팽 드 로데브 4개 분량

르뱅 리퀴드 250g

믹싱 생이스트 3g 프랑스 전통 밀가루 500g 조정수 40g
물 270g 소금 15g

마무리용 덧가루

르뱅 리퀴드(4일 예정)

- 르뱅 리퀴드를 만든다(p.35 참조).

믹싱(전날)

- 믹싱볼에 이스트, 물, 밀가루, 르뱅 리퀴드 250g, 소금을 넣는다. 저속으로 3분 섞은 다음, 중속으로 5분 믹싱한다. 시간이 2분 정도 남았을 때 조정수를 조금씩 나누어 넣는다.
- 반죽을 용기에 담아 젖은 리넨천으로 덮고 상온에서 1시간 30분 발효시킨다. 펀칭한 후 다음 날까지 냉장한다.

가성형(당일)

- 반죽을 2번에 걸쳐 접는다. 반죽의 아랫부분을 가운데로 접어 올린 다음, 반죽 윗부분도 가운데로 접는다. 길쭉하게 모양을 잡아 25×20㎝ 크기의 직사각형을 만든다. 리넨천 위에 반죽 이음매가 아래로 가게 올린다.

1차발효

- 상온에서 1시간 발효시킨다. 반죽 위에 밀가루를 뿌린다.

분할 및 성형

- 큰 칼로 직사각형 반죽을 대각선으로 잘라 260g 정도의 삼각형 4개를 만든다. 오븐팬 위에 캔버스천을 깔고 삼각형 반죽을 서로 닿지 않게 뒤집어 올린다.

2차발효

- 리넨천으로 덮어 상온에서 45분~1시간 발효시킨다.

굽기

- 오븐 가운데 칸에 30×38㎝ 오븐팬을 넣고 내추럴 컨벡션 모드에서 230℃로 예열한다.
- 예열된 오븐팬을 꺼내 식힘망에 올린다. 나무판을 이용해 삼각형 반죽을 하나씩 조심스럽게 오븐팬 위로 뒤집어 올린 다음, 라메로 반죽 표면에 칼집을 낸다. 오븐에 넣고 스팀을 넣어준 다음(p.50 참조) 20~25분 굽는다.
- 오븐에서 빵을 꺼내 식힘망에 올려 식힌다.

Pain Sübrot

알자스

쉬브로

난이도 ♧♧

이 빵에 들어가는 르뱅 뒤르를 준비하기 위해서는 4일이 걸린다.

작업 10분 **발효** 2시간 30분 **굽기** 20~30분 **기본온도** 56

쉬브로 2개 분량

르뱅 뒤르 100g

믹싱	프랑스 전통 밀가루 325g	생이스트 2g
	소금 6g	물 205g

해바라기씨 오일

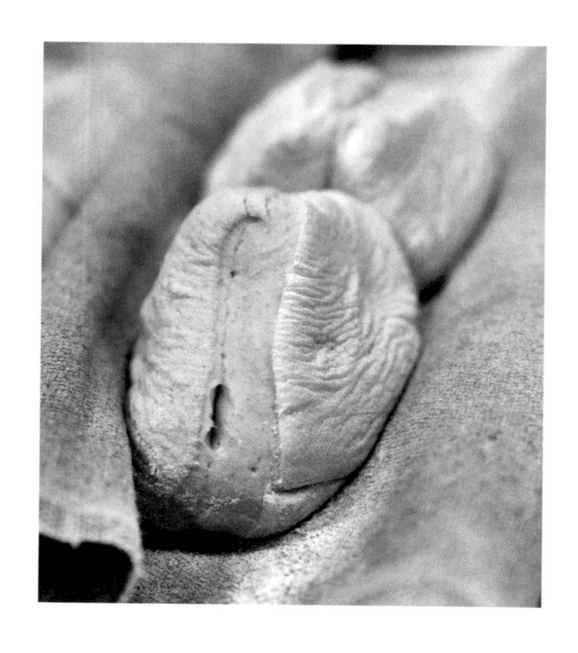

'한푼짜리' 빵

예전에 '한푼짜리 빵'이라고 불렸던 쉬브로는 알자스, 그중에서도 스트라스부르의 빵이다. 1870년부터(분명히 그 전부터) 존재했던 빵으로, 가격이 저렴해 두 번의 세계대전 사이에 큰 인기를 누리기도 했다. 크러스트가 바삭하고 속살이 가벼워서 아침식사용으로 많이 먹으며, 지역 명물인 샤퀴트리를 곁들여 즐기기도 한다.

르뱅 뒤르(4일 예정)

• 르뱅 뒤르를 만든다(p.36 참조).

믹싱

• 믹싱볼에 밀가루, 르뱅 뒤르, 소금, 이스트, 물을 넣고 저속으로 5분 섞은 다음, 고속으로 5분 믹싱한다. 믹싱이 끝난 반죽은 된 편이며, 온도는 23~25℃이다.

1차발효

• 반죽을 용기에 담아 젖은 리넨천으로 덮고 상온에서 45분 발효시킨다.

분할 및 성형

• 반죽을 약 310g씩 2등분한다(**1**). 각각 가볍게 둥글린 다음 상온에서 15분 휴지시킨다(**2**).

• 밀대로 각 반죽을 15×13㎝ 크기의 직사각형으로 밀어 편다(**3**). 1개의 반죽 표면에 해바라기씨 오일을 얇게 바르고, 그 위에 다른 반죽을 겹쳐 올린다(**4**)(**5**).

• 반죽을 세로로 2등분하여 긴 띠모양으로 자른 다음, 각 반죽을 다시 7,5×6,5㎝ 크기의 직사각형 2개로 자른다(**6**)(**7**). 리넨천 위에 직사각형 반죽을 2개씩 서로 맞닿게 나란히 세워서, 직각으로 잘린 뾰족한 모서리가 위로 오게 놓는다(**8**).

2차발효

• 젖은 리넨천으로 덮어 상온에서 1시간 30분 발효시킨다.

굽기

• 오븐 가운데 칸에 30×38㎝ 오븐팬을 넣고 내추럴 컨벡션 모드에서 250℃로 예열한다. 예열된 오븐팬을 꺼내 식힘망에 올린다. 반죽을 손으로 들어 유산지 위에 조심스럽게 올린 다음, 뜨거운 팬 위로 유산지를 미끄러트려서 옮긴다(**9**). 팬을 오븐에 넣고 스팀을 넣어준다(p.50 참조). 20~30분 굽는다.

• 오븐에서 빵을 꺼내 식힘망에 올려 식힌다.

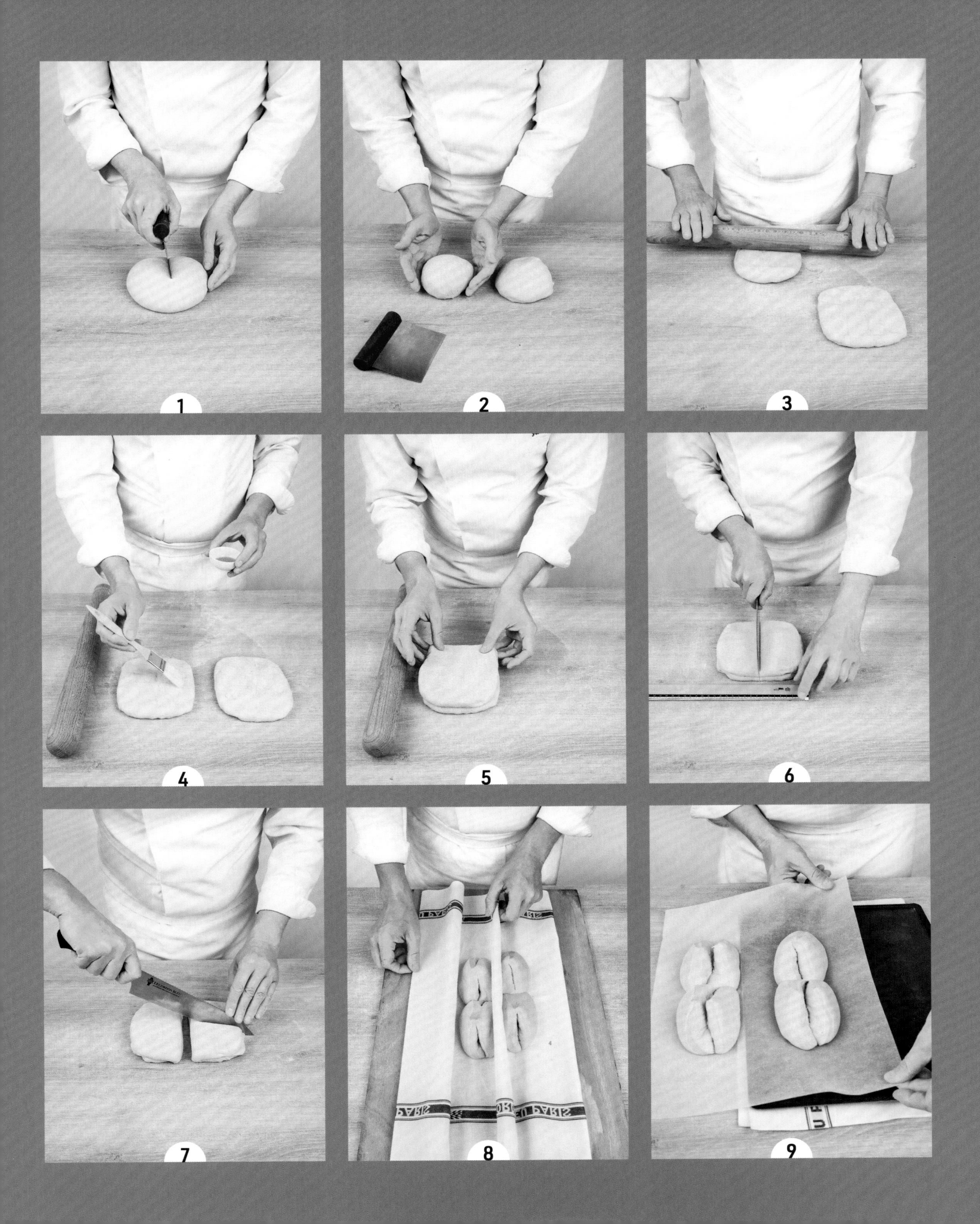
1
2
3
4
5
6
7
8
9

Fougasse aux olives

프로방스

올리브 푸가스

난이도 ♧

작업 13분 **발효** 2시간 40분~2시간 55분 **굽기** 20~25분 **기본온도** 54

푸가스 2개 분량

생이스트 5g T65 밀가루 540g 조정수용 올리브오일 40g
물 330g 소금 11g

칼라마타 올리브(큰 조각으로 자른) 150g

마무리용 올리브오일

믹싱

- 믹싱볼에 이스트, 물, 밀가루, 소금을 넣는다. 저속으로 5분 섞은 다음, 중속으로 8분 믹싱한다. 저속으로 돌리면서 조정수용 올리브오일을 조금씩 흘려 넣은 다음, 다시 반죽이 골고루 섞일 때까지 돌린다. 올리브를 넣고 저속으로 골고루 섞는다.
- 용기에 올리브오일을 골고루 바르고 반죽을 담는다.

1차발효

- 젖은 리넨천으로 덮어 상온에서 1시간 휴지시킨다. 펀칭한 다음 반죽을 덮어서 다시 상온에서 1시간 휴지시킨다.

분할 및 성형

- 반죽을 약 530g씩 2등분한다. 각각 반죽에 너무 힘을 주지 않으면서 타원형으로 가성형한다. 리넨천으로 덮고 상온에서 10분 휴지시킨다.
- 손이나 밀대로 반죽을 25×18㎝ 크기의 직사각형으로 밀어 편다(**1**). 30×38㎝ 오븐팬 2개에 유산지를 깔고 반죽을 나누어 올린다.
- 도우커터로 반죽에 7개의 칼집을 내서 푸가스 특유의 잎사귀모양을 만든다(**2**). 칼집 낸 부분을 손으로 조심스럽게 벌린다(**3**).

2차발효

- 리넨천으로 덮어 상온에서 30~45분 발효시킨다.

굽기

- 오븐을 내추럴 컨벡션 모드에서 230℃로 예열한다. 반죽을 올린 오븐팬 2개를 넣고 스팀을 넣어준다(p.50 참조). 20~25분 굽는다.
- 오븐에서 꺼낸 푸가스를 식힘망에 올리고, 브러시로 올리브오일을 듬뿍 바른다.

1

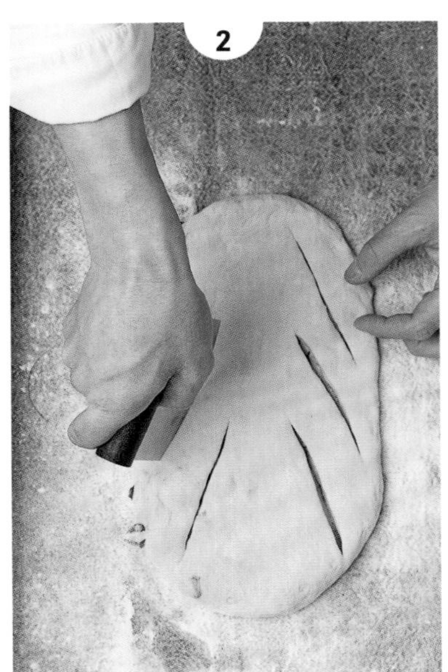
2

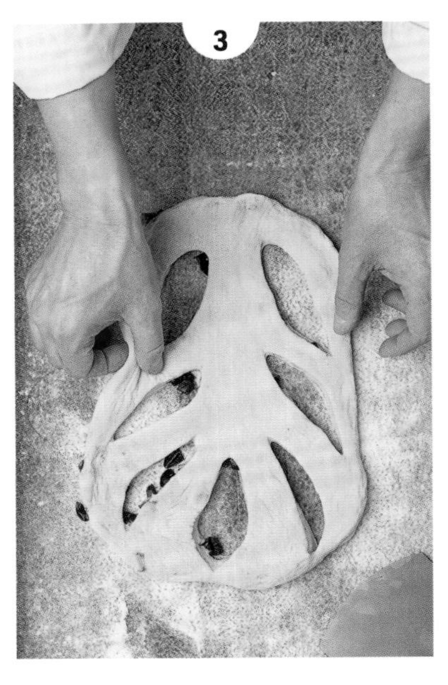
3

Pain de Beaucaire

옥시타니

팽 드 보케르

난이도 ♔♔

이 빵에 들어가는 르뱅 뒤르를 준비하기 위해서는 4일이 걸린다.

작업 15분 **발효** 3시간 35분 **굽기** 20~25분 **기본온도** 58

팽 드 보케르 3개 분량

	르뱅 뒤르 100g	
믹싱	프랑스 전통 밀가루 250g 생이스트 0.5g	소금 5g 물 165g
리사주용 아파레이	물 125g	T55 밀가루 25g

정말 맛있는 옛날빵

작고 귀여운 팽 드 보케르는 아름답게 갈라진 모양이 특징으로, 프랑스에서 가장 맛있는 빵 중 하나로 꼽힌다. 전통적으로 비옥한 풍토로 잘 알려진 오베르뉴 지역 리마뉴 평야에서 생산된 뛰어난 품질의 연질밀로 만든다. 르뱅을 많이 사용하고, 풍부한 기공과 얇은 크러스트가 특징이다.

르뱅 뒤르(4일 예정)

- 르뱅 뒤르를 만든다(p.36 참조).

믹싱

- 믹싱볼에 밀가루, 이스트, 소금, 물, 작은 조각으로 자른 르뱅 뒤르 100g을 넣는다(**1**). 저속으로 15분 섞는다. 믹싱이 끝난 반죽 온도는 25℃이다(**2**).

1차발효

- 젖은 리넨천으로 덮어 상온에서 20분 발효시킨다.

리사주용 아파레이

- 작은 볼에 물과 밀가루를 넣고 거품기로 섞어 밀가루 '풀'을 만든다(**3**).

분할 및 성형

- 반죽을 손으로 납작하게 밀어 펴서 30×18㎝ 정도의 직사각형으로 가성형한다(**4**). 상온에서 20분 휴지시킨다.
- 3절접기를 1번 한다(p.206 참조)(**5**). 30분 휴지시킨다.
- 밀대로 반죽을 크기 22×17㎝, 두께 2.5㎝의 직사각형으로 밀어 편다. 브러시로 표면에 리사주용 아파레이를 바른다(**6**). 10분 휴지시킨다.
- 반죽을 각각 11×17㎝로 2등분하여(**7**) 2개의 반죽을 겹친다. 최소 15분 휴지시킨다.
- 도우커터나 큰 칼로 반죽을 약 170g씩 각각 5.5×11㎝ 크기로 3등분한다(**8**). 오븐팬에 리넨천을 깔고 덧가루를 뿌린 다음, 일정한 간격으로 반죽을 올린다(**9**). 반죽이 퍼지지 않게 반죽과 반죽 사이에 리넨천의 주름을 올려서 세운다.

2차발효

- 리넨천으로 덮어 상온에서 2시간 발효시킨다.

굽기

- 오븐 가운데 칸에 30×38㎝ 오븐팬을 넣고 내추럴 컨벡션 모드에서 260℃로 예열한다.
- 예열된 오븐팬을 꺼내 식힘망에 올린다. 나무판을 이용하여 반죽을 조심스럽게 오븐팬 위로 올린다. 팬을 오븐에 넣고 스팀을 넣어준다(p.50 참조). 20~25분 굽는다.
- 오븐에서 빵을 꺼내 식힘망에 올려 식힌다.

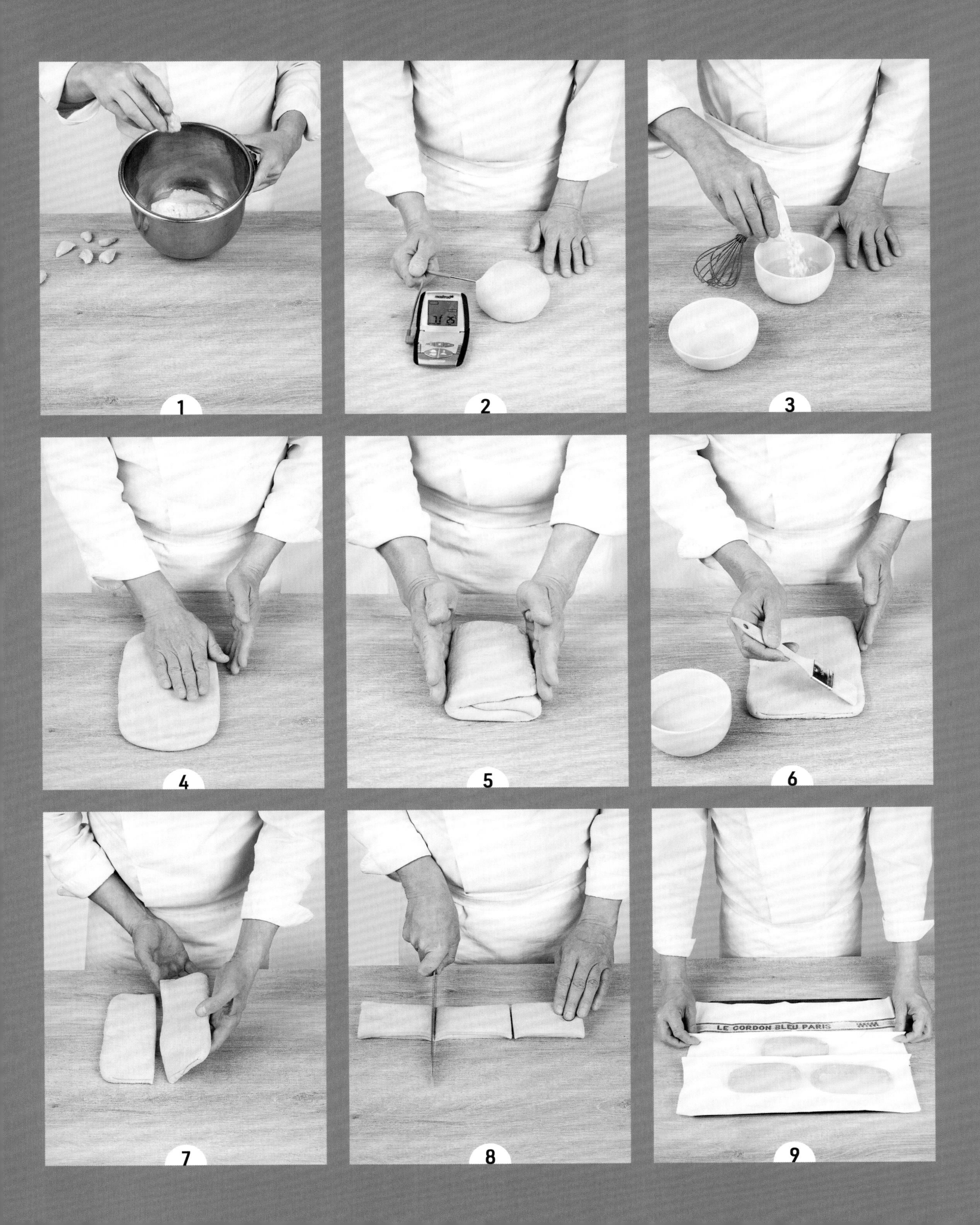
1
2
3
4
5
6
7
8
9
LE CORDON BLEU PARIS

Main de Nice

프로방스

맹 드 니스

난이도 ⛑⛑

2일 전_ 작업 10분 **발효** 30분 **냉장** 12시간
전날_ 작업 8분 **발효** 30분 **냉장** 12시간
당일_ 발효 1시간 **굽기** 20분
기본온도 54

맹 드 니스 2개 분량

	발효반죽 50g		
믹싱	프랑스 전통 밀가루 330g	소금 6g	올리브오일 26g
	물 185g	생이스트 3g	

너무나 유명해진 프랑스 특산빵

손가락이 4개 달린 손모양의 맹 드 니스는, 1952년 로베르 두아노가 찍은 파블로 피카소의 사진으로 불멸의 명성을 얻게 되었다.

TIP 반죽을 길이 1m까지 얇게 밀 때는 여러 번 나누어 밀어야 반죽이 찢어지지 않으며, 작업대에 밀가루를 뿌려야 반죽이 붙지 않는다. 마지막으로 브러시로 여분의 밀가루를 털어낸 다음, 손가락 모양으로 성형한다.

발효반죽(2일 전)

- 발효반죽을 만들어 다음 날까지 냉장한다(p.33 참조).

믹싱(전날)

- 믹싱볼에 밀가루, 물, 소금, 이스트, 작은 조각으로 자른 발효반죽 50g, 올리브오일을 넣는다. 저속으로 3분 섞은 다음, 중속으로 5분 믹싱한다. 믹싱이 끝난 반죽온도는 23℃이다.

1차발효

- 반죽을 용기에 담고 리넨천으로 덮어 상온에서 30분 발효시킨다. 다음 날까지 냉장한다.

분할 및 성형(당일)

- 사용하기 30분 전에 냉장고에서 반죽이 담긴 용기를 꺼내 놓는다. 반죽을 약 300g씩 2등분한다. 각각 긴 타원형으로 가성형한 다음(**1**), 30분 휴지시킨다.
- 밀대로 반죽을 아주 얇게 밀어 펴서 1m×15㎝ 정도의 띠를 만든다(**2**).
- 각 띠의 양쪽 끝을 약 45㎝ 길이로 가른다(**3**). 먼저 아래쪽 띠의 양끝을 중심을 향해 비스듬하게 말아서 바깥쪽으로 기운 뿔모양을 만든다(**4**). 위쪽 띠도 같은 방법으로 손가락이 반죽 중심에서 바깥쪽을 향하게 만든다.
- 손가락 4개를 모두 만 다음, 아래쪽 손가락 2개를 위쪽 손가락 2개 위로 넘겨서 손모양을 만든다(**5**). 30×38㎝ 오븐팬 2장에 유산지를 깔고 맹 드 니스를 하나씩 올린다(**6**).

2차발효

- 젖은 리넨천으로 덮어 상온에서 1시간 발효시킨다.

굽기

- 오븐을 내추럴 컨벡션 모드에서 250℃로 예열한다. 오븐 가운데 칸에 오븐팬을 넣고 스팀을 넣어준다(p.50 참조). 20분 굽는다.
- 오븐에서 빵을 꺼내 식힘망에 올려 식힌다.

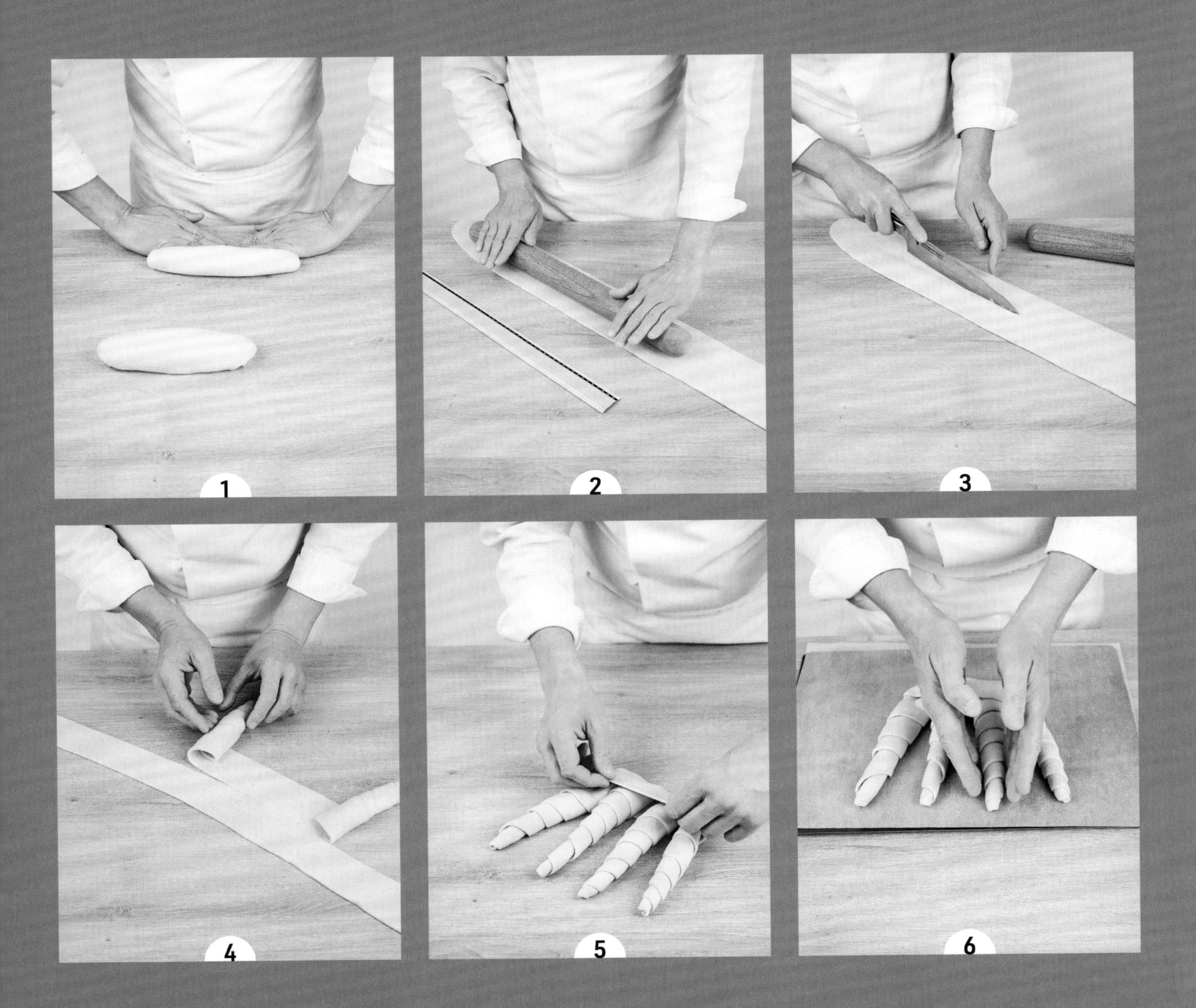
1
2
3
4
5
6

세계의 빵

Pains internationaux

Focaccia

이탈리아

포카치아

난이도 ♧

전날_ 작업 10분 **발효** 30분 **냉장** 12시간
당일_ 작업 8분 **발효** 2시간 15분 **굽기** 20~25분
기본온도 54

포카치아 1개 분량

	발효반죽 100g		
믹싱	T55 밀가루 425g	소금 10g	프로방스 허브 5g
	물 350g	생이스트 7.5g	조정수용 올리브오일 100g
	감자 플레이크 75g		
마무리	올리브오일	플뢰르 드 셀	로즈메리 몇 줄기

발효반죽(전날)

- 발효반죽을 만들어 다음 날까지 냉장한다(p.33 참조).

믹싱(당일)

- 믹싱볼에 밀가루, 물, 작은 조각으로 자른 발효반죽, 감자 플레이크, 소금, 이스트, 프로방스 허브를 넣는다. 저속으로 4분 섞은 다음, 중속으로 4분 믹싱한다. 저속으로 돌리면서 올리브오일을 조금씩 흘려 넣고, 반죽이 믹싱볼 벽면에서 잘 떨어질 때까지 다시 중속으로 돌려 마무리한다. 믹싱이 끝난 반죽온도는 25℃이다.

1차발효

- 믹싱볼에서 반죽을 꺼내 올리브오일을 바른 용기에 넣는다. 덮개를 씌워 20분 발효시킨다. 펀칭하고 다시 40분 발효시킨다. 다시 펀칭하여 30분 더 발효시킨다.

성형

- 테두리가 올라온 38×28㎝ 오븐팬에 유산지를 깐다. 팬에 반죽을 올리고 손으로 납작하게 밀어 펴서 팬을 채운다.

2차발효

- 상온에서 45분 발효시킨다.

굽기

- 오븐을 내추럴 컨벡션 모드에서 240℃로 예열한다. 손가락으로 반죽 표면을 눌러 움푹 들어간 자국을 만들고 올리브오일을 채운다. 오븐 가운데 칸에 팬을 넣고 스팀을 넣어준 다음(p.50 참조), 20~25분 굽는다.
- 오븐에서 꺼낸 포카치아를 팬에서 빼내 식힘망 위로 옮겨 식힌다. 올리브오일을 바르고 플뢰르 드 셀을 뿌린 다음, 작은 로즈메리 줄기를 몇 개 올린다.

Ciabatta

이탈리아

치아바타

난이도 ☆

전날_ 작업 10분 **발효** 30분 **냉장** 12시간
당일_ 작업 10분 **발효** 2시간 45분 **굽기** 20~25분
기본온도 54

치아바타 3개 분량

	발효반죽 100g		
믹싱	T45 그뤼오 밀가루 500g	생이스트 8g	올리브오일 40g
	소금 12.5g	물 375g	조정수 75g
마무리	올리브오일	밀가루	고운 세몰리나

발효반죽(전날)

- 발효반죽을 만들어 다음 날까지 냉장한다(p.33 참조).

믹싱(당일)

- 믹싱볼에 밀가루, 소금, 이스트, 작은 조각으로 자른 발효반죽, 물을 넣는다. 저속으로 4분 섞은 다음, 중속으로 4분 믹싱한다.
- 믹서를 저속으로 돌리면서 올리브오일을 조금씩 흘려 넣고, 중속으로 돌려 마무리한다. 조정수를 넣고 반죽이 믹싱볼 벽면에서 잘 떨어질 때까지 돌린다. 믹싱이 끝난 반죽온도는 25℃이다.

1차발효

- 믹싱볼에서 반죽을 꺼내 올리브오일을 바른 용기에 넣는다. 덮개를 씌워 20분 발효시킨다. 펀칭한 다음 다시 40분 발효시킨다. 다시 펀칭한 후 마지막으로 1시간 발효시킨다.

분할 및 성형

- 작업대에 밀가루를 뿌리고 반죽을 손으로 납작하게 밀어 편다. 큰 칼로 반죽을 약 370g씩 3등분한다. 리넨천에 밀가루와 고운 세몰리나를 섞어 뿌리고, 각 반죽을 뒤집어 올린다.

2차발효

- 젖은 리넨천으로 덮어 상온에서 45분 발효시킨다.

굽기

- 오븐 가운데 칸에 30×38㎝ 오븐팬을 넣고 내추럴 컨벡션 모드에서 240℃로 예열한다.
- 예열된 오븐팬을 꺼내 식힘망에 올린다. 나무판을 이용하여 치아바타 반죽을 조심스럽게 팬 위로 뒤집어 올린다. 오븐에 넣고 스팀을 넣어준 다음(p.50 참조) 20~25분 굽는다.
- 오븐에서 꺼낸 치아바타를 식힘망에 올려 식힌다.

Ekmek

튀르키예

에크멕

난이도 ♡

작업 11분 **발효** 2시간~2시간 15분 **굽기** 30~40분 **기본온도** 65

에크멕 1개 분량

	생이스트 3g	T65 밀가루 175g	소금 3g
	설탕 5g	베이킹파우더 4g	T130 호밀가루 75g
	물 125g	프로마주 블랑 35g	
마무리	밀가루	올리브오일	참깨

믹싱

- 믹싱볼에 이스트, 설탕, 물, 밀가루, 베이킹파우더, 프로마주 블랑, 소금, 호밀가루를 넣는다. 저속으로 4분 섞은 다음, 중속으로 7분 믹싱하여 매끈하고 탄력 있는 반죽을 만든다.

1차발효

- 작업대 위에서 반죽을 공모양으로 둥글린다. 반죽 표면에 가볍게 밀가루를 뿌리고, 마른 리넨천으로 덮어 상온에서 45분 발효시킨다.

성형

- 반죽을 긴 모양으로 가성형한다(p.42~43 참조). 밀대로 반죽을 1.5㎝ 두께의 타원형으로 밀어 편다. 브러시로 올리브오일을 바르고 참깨를 뿌린다. 30×38㎝ 오븐팬에 유산지를 깔고 반죽을 올린 다음, 도우커터로 반죽을 갈라 5개의 틈새를 만든다.

2차발효

- 25℃로 맞춘 발효기에서 1시간 15분~1시간 30분 발효시킨다(p.54 참조).

굽기

- 오븐을 내추럴 컨벡션 모드에서 220℃로 예열한다. 오븐 가운데 칸에 팬을 넣고 30~40분 굽는다.
- 오븐에서 꺼낸 에크멕을 식힘망에 올려 식힌다.

Pita

중동·유럽 남동부

난이도

이 빵에 들어가는 르뱅 리퀴드를 준비하기 위해서는 4일이 걸린다.

작업 8~10분 **발효** 3시간 15분~4시간 **굽기** 3~4분

피타 8개 분량

	르뱅 리퀴드 75g		
믹싱	T55 밀가루 500g	생이스트 4g	물 300g
	소금 10g	올리브오일 10g	

르뱅 리퀴드(4일 예정)

- 르뱅 리퀴드를 만든다(p.35 참조).

믹싱

- 믹싱볼에 밀가루, 소금, 이스트, 르뱅 리퀴드, 올리브오일, 물을 넣는다. 저속으로 2~3분 섞은 다음, 중속으로 6~7분 믹싱한다.

1차발효

- 반죽을 둥글려 공모양으로 만든 다음, 젖은 리넨천으로 덮어 상온에서 2시간 30분~3시간 발효시킨다.

분할 및 성형

- 반죽을 약 110g씩 8등분한 다음, 각각의 반죽을 단단하게 둥글려서 가성형한다.

2차발효

- 젖은 리넨천으로 덮어 상온에서 45분~1시간 발효시킨다.

굽기

- 오븐에 30×38㎝ 오븐팬 2개를 넣고 내추럴 컨벡션 모드에서 270℃로 예열한다.
- 밀대로 각 반죽을 지름 14㎝ 정도의 원형으로 민다.
- 오븐에서 뜨거운 팬을 하나씩 꺼내 식힘망에 올린다. 나무판을 사용해 원형 반죽을 팬 위로 옮긴 다음 3~4분 굽는다.
- 오븐에서 피타를 꺼내 리넨천 위에 올린 다음, 그 위에 리넨천을 덮어 식힌다.

Batbout

모로코

바트부트

난이도

작업 11분 **발효** 1시간 55분~2시간 25분 **굽기** 5분 **기본온도** 65

바트부트 12개 분량

물 320g	T55 밀가루 400g	소금 10g
생이스트 7g	T150 통밀가루 50g	조정수용 올리브오일 50g
설탕 30g	듀럼밀 세몰리나 50g	

믹싱

- 믹싱볼에 물, 이스트, 설탕, 밀가루, 통밀가루, 듀럼밀 세몰리나, 소금을 넣는다. 저속으로 4분 섞은 다음, 중속으로 7분 믹싱하여 매끈하고 탄력 있는 반죽을 만든다. 끝나기 2분 전에 조정수용 올리브오일을 넣는다. 완성된 반죽은 상당히 말랑하지만, 끈적거리지 않는다.

1차발효

- 리넨천으로 덮어 상온에서 45분 발효시킨다.

분할 및 성형

- 반죽을 약 70g씩 12등분한다. 각각의 반죽을 매끈한 공모양으로 가성형한다. 작업대에 밀가루를 가볍게 뿌리고 반죽을 올린 다음, 리넨천으로 덮어 10분 정도 휴지시킨다.
- 밀대로 반죽을 지름 11㎝ 원형으로 민다. 마른 리넨천 위에 올린 다음 리넨천으로 덮는다.

2차발효

- 1시간~1시간 30분 정도 발효시킨다.

굽기

- 주물팬이나 전기 프라이팬을 중불로 예열한다. 여러 번 뒤집어 가며 바트부트의 양면을 노릇하게 굽는다. 굽는 동안 반죽이 부풀기 때문에, 구운 색이 균일하게 나지 않을 수 있다.
- 다 구워진 바트부트를 식힘망에 올려 식힌다.

Petits pains bao cuits à la vapeur

베트남

증기로 찐 프티 바오 번

바오 번은 증기로 찌는 아시아에서 먹는 빵으로, 가운데 속에 양념에 재운 돼지고기와 채소를 끼워 먹는다.
음력설을 축하하며 먹는 명절음식이기도 하다.

난이도

작업 20분 **발효** 3시간 30분 **찌기** 8분

바오 번 5개 분량

T55 밀가루 175g
설탕 3g
생이스트 3g
설탕 아주 조금
물(따뜻한) ⅓큰술
우유 100g
해바라기씨 오일 3g
쌀식초 3g
베이킹파우더 2g
물 65g

반죽 표면에 바를 해바라기씨 오일

믹싱

- 볼에 밀가루와 설탕 3g을 섞는다. 한가운데를 우물처럼 판다. 다른 볼에 따뜻한 물을 담고 이스트와 설탕을 푼 다음, 우유, 해바라기씨 오일, 쌀식초, 베이킹파우더, 물과 함께 섞어 우물처럼 판 부분에 붓는다. 스크래퍼로 섞어 반죽을 만든다.
- 작업대에 밀가루를 가볍게 뿌리고 반죽을 올린 다음, 10~15분 정도 치대 균일하고 매끈한 반죽을 만든다. 볼에 오일을 가볍게 바르고 반죽을 넣은 다음, 젖은 리넨천으로 덮는다.

1차발효

- 상온에서 2시간 발효시킨다.

분할 및 성형

- 밀대로 반죽을 약 3㎝ 두께로 민 다음, 70g씩 5등분한다. 공모양으로 둥글린 다음 리넨천으로 덮어 2~3분 휴지시킨다.
- 유산지를 15×15㎝ 정사각형으로 5장 자른다. 반죽을 지름 약 13㎝ 원형으로 민다. 정사각형 유산지 위에 원형 반죽을 하나씩 올리고, 표면에 오일을 조금 바른다.

2차발효

- 반죽을 오븐팬 위에 올리고, 리넨천으로 덮어 반죽이 2배로 부풀 때까지 상온에서 1시간 30분 발효시킨다.

찌기

- 솥에 물을 붓고 큰 대나무 찜기를 올려 중강불로 김을 올린다. 바오 번을 유산지째 찜기에 넣고 번이 부풀어오를 때까지 8분 찐다.
- 빵을 완전히 자르지 않도록 주의하면서 수평으로 칼집을 넣는다. 기호에 따라 속을 채운다.

Challah
유태인의 전통빵

할라

난이도

작업 13분 발효 2시간 45분 굽기 20~25분

할라 2개 분량

	T55 밀가루 400g	꿀 10g	달걀 2개(100g)
	물 160g	소금 8g	설탕 5g
	생이스트 10g	버터 60g	
장식	참깨	검은깨	오트밀 플레이크

땋아서 만드는 유대인의 전통빵

할라는 땋아서 모양을 내는 브리오슈의 한 종류로, 유대인들이 전통적으로 안식일에 먹는 빵이다. 안식일이 돌아오면 할라 2개를 테이블 위에 올려놓고 금요일 저녁과 토요일 내내 먹는다. 대부분의 유대교 명절을 축하하며 먹는 빵이기도 하다. 유대인의 신년인 나팔절에는 둥근 모양의 할라를 만든다.

믹싱

- 믹싱볼에 밀가루, 물, 이스트, 꿀, 소금, 버터, 달걀, 설탕을 넣는다. 저속으로 5분 섞은 다음, 중속으로 8분 믹싱한다. 믹싱이 끝난 반죽온도는 24℃이다.

1차발효

- 반죽을 큰 용기에 넣고 덮개를 씌워 상온에서 1시간 발효시킨다.

분할 및 성형

- 반죽을 약 370g씩 2등분한 다음, 각각 16㎝ 길이의 긴 모양으로 가성형한다(p.42~43 참조). 상온에서 15분 휴지시킨다.
- 큰 칼로 반죽을 길게 3등분한다(**1**). 각 반죽을 손으로 굴리면서 중심에서 끝까지 밀어 75㎝로 늘인다.
- 3가닥의 반죽을 땋는다(**2**). 고리모양으로 만들어 유산지를 깐 30×38㎝ 오븐팬에 하나씩 올린다. 브러시로 물을 바르고, 미리 섞어놓은 참깨와 검은깨, 오트밀 플레이크를 뿌린다(**3**)(**4**).

2차발효

- 21~24℃로 맞춘 발효기에서 1시간 30분 발효시킨다(p.54 참조).

굽기

- 오븐을 내추럴 컨벡션 모드에서 190℃로 예열한다. 오븐팬 2개를 넣고 온도를 175℃로 낮추어 20~25분 굽는다.
- 오븐에서 꺼낸 할라를 2개의 식힘망에 각각 올려 식힌다.

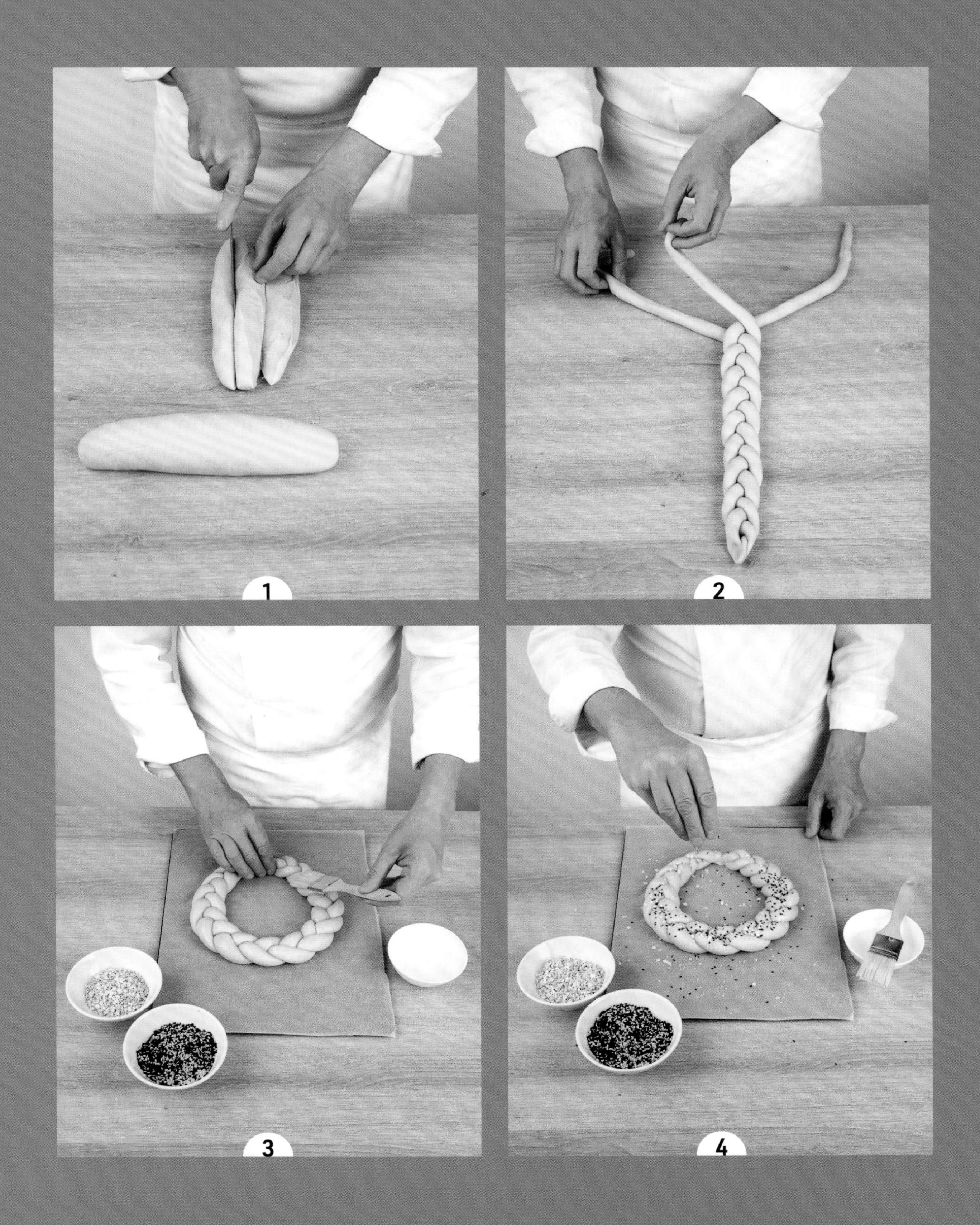
1
2
3
4

Vollkornbrot

독일

폴콘브로트

난이도

전날_ **작업** 5분 **발효** 12시간
당일_ **굽기** 1시간 30분
기본온도 70

폴콘브로트 1개 분량

생이스트 1g	밀알(굵게 빻은) 8g	소금 4g
물 100g	골든 아마씨 30g	설탕 4g
T110 스펠트 밀가루 100g	해바라기씨 60g	버터밀크 100g
호밀 10g	참깨 6g	흑맥주 50g

장식 오트밀 플레이크 30g

믹싱(전날)

- 믹서에 플랫비터를 끼우고, 믹싱볼에 이스트, 물, 스펠트 밀가루, 호밀, 굵게 빻은 밀알, 아마씨, 해바라기씨, 참깨, 소금, 설탕, 버터밀크, 흑맥주를 넣는다. 중속으로 5분 섞는다. 덮개를 씌워 다음 날까지 상온에 둔다.

성형(당일)

- 18×8㎝ 크기의 틀 안쪽에 유산지를 깐다. 반죽을 붓고 표면 전체에 오트밀 플레이크를 뿌린다.

굽기

- 오븐을 내추럴 컨벡션 모드에서 180℃로 예열한다. 오븐 가운데 칸에 틀을 넣고 스팀을 넣어준 다음(p.50 참조) 1시간 30분 굽는다.
- 오븐에서 폴콘브로트를 꺼내 틀에서 빼내고 식힘망에 올려 식힌다.

Pain Borodinsky

러시아

보로딘스키

난이도 ♧

르뱅 작업_ 5일
당일(6일째)_ 작업 10분 **발효** 6시간 **굽기** 1시간

보로딘스키 1개 분량

호밀 르뱅	T170 호밀가루 270g	물 500g	
믹싱	30℃ 물 100g	바닷소금 5g	몰트 15g
	T170 호밀가루 250g	검은 당밀 20g	코리앤더씨 2g
장식	코리앤더씨 10g		

호밀 르뱅(1~4일째)

- **1일째** 볼에 호밀가루 30g과 28℃ 물 50g을 넣고 스패출러로 섞는다. 랩으로 덮어 다음 날까지 상온에 둔다.
- **2일째** 전날 준비한 내용물에 호밀가루 30g과 28℃ 물 50g을 넣는다. 잘 섞은 다음 덮개를 씌워 다음 날까지 상온에 둔다.
- **3일째** 전날 준비한 내용물에 호밀가루 30g과 28℃ 물 50g을 넣는다. 잘 섞은 다음 덮개를 씌워 날까지 상온에 둔다.
- **4일째** 전날 준비한 내용물에 호밀가루 30g과 28℃ 물 50g을 넣는다. 잘 섞은 다음 덮개를 씌워 날까지 상온에 둔다.

르뱅 완성(5일째)

- **5일째** 전날 준비한 내용물에서 덜어낸 50g에 호밀가루 150g과 28℃ 물 300g을 넣는다. 저속으로 3분 믹싱하여 매우 묽은 반죽을 만든다. 랩으로 덮어 상온에 12~18시간 둔다.

믹싱(6일째)

- 믹서에 플랫비터를 끼우고, 믹싱볼에 물, 호밀가루, 소금, 당밀, 몰트, 코리앤더씨, 전날 완성한 르뱅(5일째) 270g을 넣는다. 저속으로 5분 믹싱한다.
- 믹싱볼에서 반죽을 꺼내 물을 뿌린 작업대에 올리고 손으로 몇 분 치댄다.

성형

- 18×8㎝ 틀 안쪽에 유산지를 깔고 반죽을 채운다.

2차발효

- 리넨천으로 덮어 상온에서 6시간 발효시킨다. 반죽 표면에 브러시로 조심스럽게 물을 바르고 코리앤더씨를 뿌린다.

굽기

- 오븐을 내추럴 컨벡션 모드에서 180℃로 예열한다. 오븐 가운데 칸에 틀을 넣고 스팀을 넣은 다음(p. 50 참조), 1시간 굽는다.
- 오븐에서 꺼낸 보로딘스키를 틀에서 빼내고 식힘망에 올려 식힌다.

Pain de maïs (broa)

포르투갈

옥수수빵(브로아)

난이도 ♔

전날_ 작업 15분 **냉장** 12시간
당일_ 작업 7~9분 **발효** 2시간 30분~3시간 30분 **굽기** 20~30분
기본온도 60

옥수수빵 2개 분량

세몰리나 익반죽	옥수수 세몰리나 125g	끓는 물 125g	
	발효반죽 100g		
믹싱	T55 밀가루 440g	생이스트 3g	물 260g
	소금 10g	생옥수수 또는 스위트콘(간) 75g	
마무리	틀에 바를 버터(무른)	옥수수 세몰리나	

세몰리나 익반죽(전날)

- 볼에 옥수수 세몰리나, 끓는 물을 넣고 거품기로 골고루 섞는다. 랩으로 덮어 다음 날까지 냉장한다.

발효반죽

- 발효반죽을 만들어 다음 날까지 냉장한다(p.33 참조).

믹싱(당일)

- 믹싱볼에 전날 준비한 세몰리나 익반죽, 밀가루, 소금, 이스트, 옥수수, 작은 조각으로 자른 발효반죽, 물을 넣는다. 저속으로 2~3분 섞은 다음, 중속으로 5~6분 믹싱한다.

1차발효

- 반죽을 공모양으로 둥글려 15분 휴지시킨다. 다시 한 번 반죽을 단단하게 둥글려 공모양으로 만든다. 젖은 리넨천으로 덮어 상온에서 1시간~1시간 30분 발효시킨다.

분할 및 성형

- 반죽을 약 560g씩 2등분한 다음, 각각 약 15㎝ 길이로 길게 성형한다. 젖은 리넨천으로 덮어 상온에서 15분 휴지시킨다.
- 20×8×8㎝ 크기의 틀 2개에 버터를 바른다. 각각의 반죽을 다시 단단하게 굴리면서 양끝으로 밀어 약 20㎝로 늘인다. 반죽 표면에 물을 바르고 옥수수 세몰리나에 굴린 다음, 이음매가 아래로 가도록 틀에 넣는다.

2차발효

- 틀을 젖은 리넨천으로 덮고 25℃로 맞춘 발효기에서 1시간~1시간 30분 발효시킨다(p.54 참조).

굽기

- 오븐을 내추럴 컨벡션 모드에서 230℃로 예열한다.
- 라메로 반죽 표면에 7개의 칼집을 넣은 다음, 오븐 가운데 칸에 틀을 넣는다. 스팀을 넣어준 다음(p.50 참조) 20~30분 굽는다.
- 오븐에서 꺼내 틀에서 빼내고 식힘망에 올려서 식힌다.

스낵 · 조리빵

Snacking

Bagel au saumon, beurre aux algues

해초버터를 바른
연어 베이글

난이도

전날_ 작업 10분 **발효** 30분 **냉장** 12시간
당일_ 작업 9~11분 **발효** 1시간 15분~1시간 30분 **굽기** 13~16분

베이글 10개 분량

	발효반죽 100g		
믹싱	우유 150g 물 150g	T45 그뤼오 밀가루 500g 소금 10g	생이스트 5g 버터 35g
마무리	달걀흰자(푼)	참깨	
가니시	해초버터 60g 레몬 1개	훈제연어(길게 슬라이스한) 300g 딜잎 적당량	

발효반죽(전날)

- 발효반죽을 만들어 다음 날까지 냉장한다(p.33 참조).

믹싱(당일)

- 믹싱볼에 우유, 물, 밀가루, 소금, 이스트, 버터, 작은 조각으로 자른 발효반죽을 넣는다. 저속으로 2~3분 섞은 다음, 중속으로 7~8분 믹싱한다.

1차발효

- 젖은 리넨천으로 덮어 상온에서 15분 발효시킨다.

분할 및 성형

- 반죽을 약 95g씩 10등분한다. 약 15㎝ 길이의 원통모양으로 성형한 다음, 젖은 리넨천으로 덮어 상온에서 15분 휴지시킨다.
- 각 원통 반죽을 약 25㎝ 길이로 늘인다. 양끝을 이어서 지름 10㎝ 정도의 고리모양을 만든 다음, 유산지를 깐 오븐팬 2장에 나누어 올린다.

2차발효

- 젖은 리넨천으로 덮어 상온에서 45분~1시간 발효시킨다.

굽기

- 오븐을 내추럴 컨벡션 모드에서 200℃로 예열한다.
- 큰 냄비에 물을 붓고 끓기 직전까지 약불로 가열한 다음, 건지개를 이용해 베이글 반죽을 약 1분, 또는 베이글이 떠오를 때까지 담갔다가 건져내 다시 오븐팬 위에 올린다.
- 브러시로 베이글에 달걀흰자를 바르고 참깨를 뿌린다. 팬을 오븐에 넣고 12~15분 굽는다.
- 오븐에서 꺼낸 베이글을 식힘망에 올려서 식힌다.

가니시 채우기

- 베이글을 수평으로 잘라 둘로 나눈 다음, 안쪽에 해초버터를 바른다. 연어 슬라이스를 접어서 베이글 위에 올린다. 레몬즙을 뿌리고 딜잎을 조금 올린 다음 남은 베이글로 덮는다.

Croque-monsieur au jambon, beurre au sarrasin et sauce Mornay

메밀버터와 모르네소스를 바른

장봉 크로크무슈

난이도 ♔

작업 10분 **굽기** 5분

크로크무슈 1개 분량

모르네소스	버터 10g	달걀노른자 1개(25g)
	밀가루 10g	콩테치즈(간) 10g
	우유 60g	

메밀버터(포마드 상태의 부드러운) 20g 크레송잎
곡물영양빵(p.80 참조) 슬라이스(두께 1㎝) 3장
장봉블랑 슬라이스(각 40g) 2장 콩테치즈(간) 30g

모르네소스

- 냄비에 버터를 녹인 다음, 밀가루를 넣고 약불로 저으면서 몇 분 익힌다. 차가운 우유를 붓고 거품기로 저으면서 끓을 때까지 가열한다. 불에서 내려 달걀노른자와 콩테치즈를 넣고 섞는다.

몽타주

- 오븐을 그릴 모드로 예열한다. 빵 3장의 한쪽 면에 메밀버터를 각각 바른다. 맨 아래층 빵의 메밀버터를 바른 면에 모르네소스의 1/3을 얇게 펴 바른다. 장봉 1장과 크레송을 얹는다.
- 가운데층 빵의 메밀버터를 바른 면에 모르네소스의 1/3을 얇게 펴 바른다. 장봉 1장을 올려 아래층 빵 위에 얹는다. 마지막 빵의 메밀버터를 바른 면이 위로 오게 덮고, 그 위에 남은 모르네소스를 펴 바른 다음 콩테치즈를 뿌린다.
- 오븐의 그릴 아래에 크로크무슈를 놓고 노릇하게 굽는다.

Petit cake lardons et béchamel

라르동과 베샤멜소스를 넣은

세이버리 프티 케이크

난이도 ♔

작업 10분 **발효** 1시간 **굽기** 22분

프티 케이크 8개 분량

베샤멜소스	버터 25g	우유 250g
	밀가루 32g	소금, 후추, 넛멕

라르동* 80g 크루아상반죽 자투리 320g(p.206 참조)

* 라르동(lardon)_ 베이컨이나 돼지삼겹살을 일정한 크기로 길쭉하게 자른 것.

베샤멜소스

- 냄비에 버터를 녹인 다음, 밀가루를 넣고 약불로 저으면서 몇 분 익힌다. 차가운 우유를 붓고 거품기로 저으면서 끓을 때까지 가열한다. 소금, 후추, 넛멕으로 간을 한다.
- 다른 냄비에 라르동을 넣고 잠길 정도로 차가운 물을 붓는다. 한 번 끓여 라르동을 건져낸 다음, 물기를 제거하여 냉장한다.

작업 및 굽기

- 크루아상반죽 자투리를 두께 3.5㎜, 크기 1×1㎝ 정사각형으로 자른다. 8×4㎝ 크기의 작은 직사각형 틀 8개에 자른 반죽을 40g씩 넣는다.
- 28℃로 맞춘 발효기에서 1시간 정도 발효시킨다(p.54 참조).
- 각 틀에 베샤멜소스를 약 2큰술(35g)씩 담고 그 위에 라르동을 골고루 얹는다.
- 오븐을 컨벡션 모드에서 165℃로 예열한다. 오븐 가운데 칸에 틀을 넣고 22분 굽는다. 따뜻할 때 먹는다.

Pizza napolitaine

나폴리탄 피자

난이도

전날_ 작업 10분 **발효** 30분 **냉장** 12시간
당일_ 작업 35분 **발효** 1시간 45분~2시간 **굽기** 40~50분

피자 1개 분량

	발효반죽 75g		
믹싱	물 150g	소금 5g	프로방스 허브 4g
	T55 밀가루 250g	생이스트 5g	조정수용 올리브오일 20g
가니시	주키니호박(얇게 슬라이스한) 200g	후추 0.5g	마늘가루 2g
	올리브오일	바질	모차렐라치즈(간) 300g
	소금 6g	토마토 슬라이스 250g	파르메산치즈(간) 40g
피자소스	올리브오일 20g	소금, 후추	설탕 2g
	양파(다진) 60g	토마토(껍질과 씨 제거 후 굵게 다진) 200g	
	마늘(싹 제거 후 다진) 1쪽	토마토페이스트 1캔(소)	월계수잎, 타임, 오레가노
	마무리용 올리브오일		

발효반죽(전날)

- 발효반죽을 만들어 다음 날까지 냉장한다(p. 33 참조).

가니시(전날 또는 당일)

- 용기에 주키니호박을 담고 올리브오일, 소금, 후추, 바질을 섞어 미리 몇 시간 동안 마리네이드한다. 전날 준비하면 더 좋다.

피자소스(당일)

- 프라이팬에 올리브오일을 두르고 중불로 예열한 다음, 양파와 마늘을 3분 볶는다. 소금, 후추로 간을 하고 다진 토마토, 토마토페이스트, 설탕, 허브를 넣는다. 약불로 20~30분 뭉근하게 익힌다. 소스를 최대한 졸여 맛을 농축시킨 후 식힌다.

믹싱

- 믹싱볼에 물, 밀가루, 소금, 이스트, 작은 조각으로 자른 발효반죽, 프로방스 허브를 넣는다. 저속으로 4분 섞은 다음, 고속으로 4분 믹싱한다. 조정수용 올리브오일을 조금씩 흘려 넣고, 다시 반죽이 믹싱볼 벽면에서 잘 떨어지고 매끈해질 때까지 믹싱한다. 믹싱이 끝난 반죽온도는 24~25℃이다.

1차발효

- 젖은 리넨천으로 덮어 상온에서 45분~1시간 발효시킨다.

성형 및 2차발효

- 유산지 위에 밀가루를 가볍게 뿌린 다음 반죽을 올리고, 밀대로 30×28㎝ 직사각형으로 밀어 편다.
- 25℃로 맞춘 발효기에서 1시간 발효시킨다(p. 54 참조).

굽기

- 오븐 아래칸에 30×38㎝ 오븐팬을 넣고 내추럴 컨벡션 모드에서 280℃로 예열한다.
- 볼에 토마토 슬라이스를 담고 소금 1꼬집과 후추(각각 분량 외)로 간을 한 다음 마늘가루를 뿌린다.
- 반죽에 피자소스를 바르고 치즈 2종류를 뿌린다. 미리 말아놓은 마리네이드한 주키니호박과 토마토 슬라이스를 골고루 올린다.
- 예열된 오븐팬을 꺼내 식힘망에 올린 다음, 피자가 올려진 유산지를 미끄러트려서 오븐팬 위로 옮긴다. 14분 굽는다. 꺼내기 전에 바닥이 노릇하게 구워졌는지 확인한다.
- 오븐에서 피자를 꺼내 올리브오일을 듬뿍 바른다.

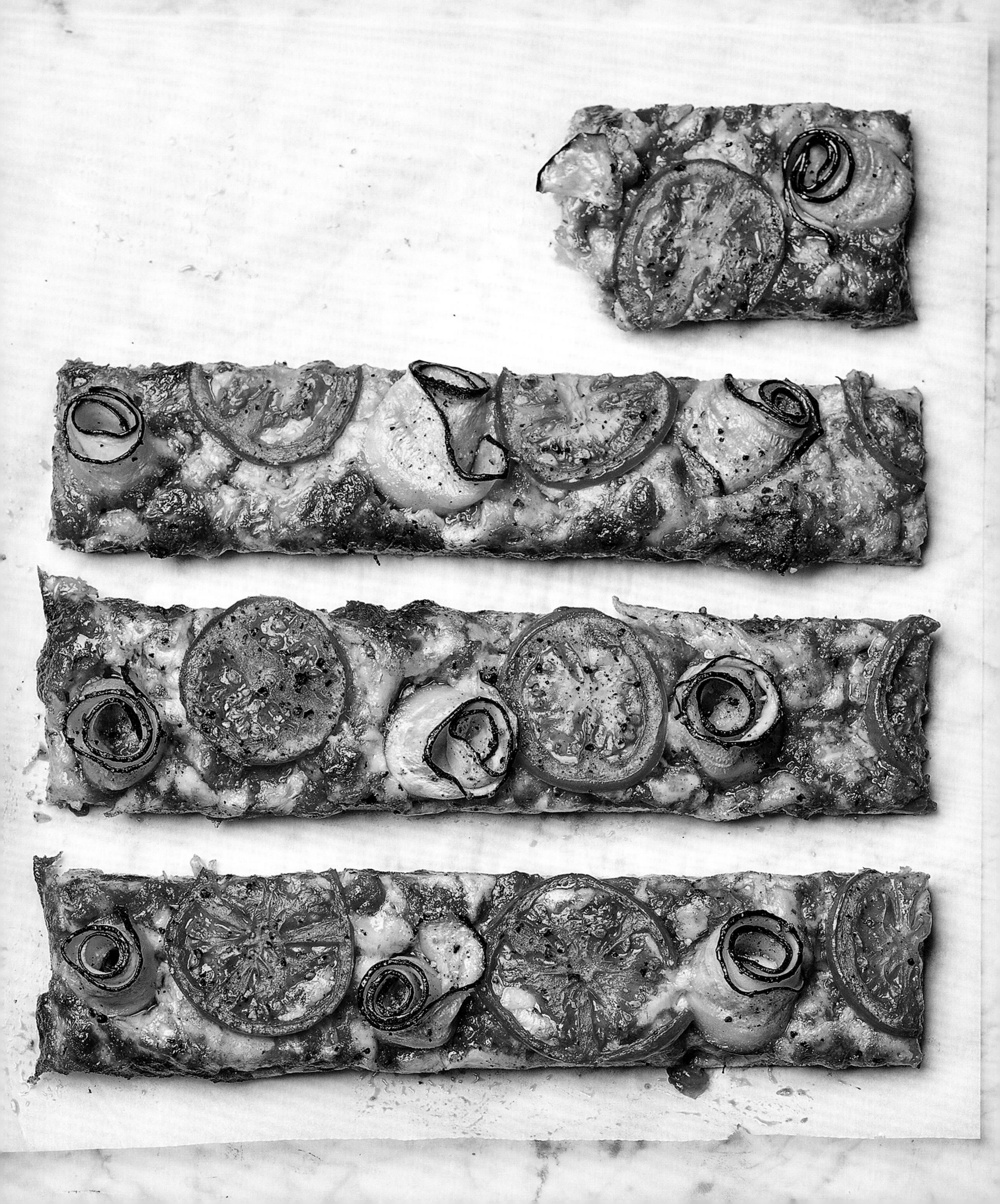

Pâté aux pommes de terre

파테 오 폼 드 테르

난이도

전날_ 작업 5분 **냉장** 24시간
당일_ 작업 15~20분 **굽기** 40~50분

파테 1개 분량

	파트 푀유테 600g		
가니시	감자 3개	마늘(싹 제거 후 다진) 1쪽	소금, 후추
	양파(다진) ½개	파슬리(다진)	
달걀물	달걀 1개+달걀노른자 1개(함께 푼)		
	크렘 프레슈 2큰술		

파트 푀유테(전날)

- 3절접기를 4번 하여 파트 푀유테를 만든다(p.212 참조).

당일

- 파트 푀유테를 5번째 3절접기를 하여 2등분한다. 밀대로 바닥용 반죽을 2㎜ 두께로 밀어 펴서 지름 20㎝ 원을 자른다.
- 나머지 뚜껑용 반죽은 2.5㎜ 두께로 밀어 펴서 지름 18㎝ 원으로 자른다.

가니시 및 몽타주

- 감자를 얇게 슬라이스하여 양파, 마늘, 파슬리, 소금, 후추와 섞는다.
- 오븐팬에 유산지를 깔고 바닥용 반죽을 올린 다음, 가장자리에 2㎝ 너비로 물을 바른다. 물을 바른 가장자리를 피해 위에서 준비한 감자 가니시를 올린다. 뚜껑용 반죽으로 덮는다.
- 반죽 표면에 달걀물을 바르고 지름 9㎝ 원형커터로 한가운데를 찍어 자국을 남긴다.

굽기

- 오븐을 내추럴 컨벡션 모드에서 200℃로 예열한다. 오븐팬을 넣고 온도를 180℃로 낮추어 40~50분 굽는다. 칼로 찔러서 준비한 감자가 다 익었는지 확인한다.
- 오븐에서 파테 오 폼 드 테르를 꺼내 가운데의 원형 자국을 칼로 도려낸다. 드러난 감자 표면에 크림을 골고루 끼얹고, 도려낸 원형을 다시 얹는다.

Pain perdu lorrain

팽 페르뒤 로렌

난이도

작업 10분 **굽기** 20분

팽 페르뒤 5개 분량

	라르동 30g	프랑스 전통 바게트(전날 구운) ½개	에멘탈치즈(간) 25g
	팽 드 미(p.112 팽 드 미 아를르캥 참조) 슬라이스(두께 1㎝) 5장		
키슈 아파레이	달걀(소) 4개(190g)	생크림 150g	
	우유 150g	소금, 후추, 넛멕	

팽 페르뒤

- 냄비에 라르동을 넣고 차가운 물을 잠기도록 붓는다. 한 번 끓인 다음, 건져내 물기를 제거한다.
- 지름 9㎝ 원형커터로 팽 드 미를 찍어낸 다음, 지름 10㎝ 키슈틀 5개의 바닥에 찍어낸 팽 드 미를 깐다.
- 바게트를 1㎝ 두께로 자른 다음, 각각을 2등분한다. 반달모양의 바게트 슬라이스를 키슈틀 벽면에 6개씩 두른다. 에멘탈치즈와 라르동을 뿌린다.

키슈 아파레이

- 볼에 달걀을 넣고 거품기로 푼 다음 우유와 생크림을 섞는다. 소금, 후추, 넛멕으로 간을 하여 키슈틀에 붓는다.

굽기

- 오븐을 컨벡션 모드에서 180℃로 예열한다. 오븐 가운데 칸에 키슈틀을 넣고 20분 굽는다.
- 오븐에서 꺼내 키슈틀에서 빼낸다.

Tartine végétarienne chou rouge, carotte, chou-fleur et raisins de Corinthe

적양배추, 당근, 콜리플라워, 코린트 건포도를 올린 베지테리언 타르틴

난이도 1

작업 30분

타르틴 4개 분량

당근 피클	유기농 시드르 식초 50g	물 50g	모래당근(얇게 어슷썬) 200g
	설탕 50g	노랑 당근(얇게 어슷썬) 350g	
적양배추 시포나드	백식초 30g	적양배추(얇게 채썬) 100g	소금
허브크림	차이브 1묶음	라임제스트와 즙 2개 분량	그린 타바스코 조금
	프로마주 블랑(부드럽게 푼) 350g		
	렌틸콩을 넣은 비건빵(p.104 참조) 슬라이스(길게 자른) 4장		코린트 건포도 100g
	콜리플라워(송이로 나눈) 200g	올리브오일 50g	소금, 후추

당근 피클

• 냄비에 식초, 설탕, 물을 넣고 한 번 끓인 다음, 2종류의 당근을 넣고 식힌다.

적양배추 시포나드

• 식초를 데워 적양배추 위에 붓는다. 소금 1꼬집을 넣는다. 잘 섞은 다음 적양배추를 건져내 물기를 제거하고 식힌다.

허브크림

• 차이브 몇 줄기를 장식용으로 잘라 따로 보관하고, 나머지는 잘게 썬다. 볼에 프로마주 블랑, 잘게 썬 차이브, 라임즙과 제스트, 그린 타바스코를 섞는다. 간을 한 다음, 12번(지름 12㎜) 별깍지를 낀 짤주머니에 크림을 담는다.

몽타주

• 빵을 토스트한 다음 식힌다.

• 빵 위에 허브크림을 군데군데 짠다. 당근 피클을 건져 볼에 담는다. 적양배추 시포나드와 콜리플라워 송이를 담고 올리브오일을 뿌린다. 타르틴 위에 준비한 채소를 코린트 건포도와 함께 보기 좋게 올린다. 차이브 줄기를 적당히 뿌린다.

Sandwich au magret de canard, crème de chèvre, poire et miel

셰브르치즈크림, 꿀과 서양배를 넣은

오리가슴살 샌드위치

난이도 ♡

작업 10분

샌드위치 1개 분량

꿀에 버무린 서양배	서양배 1개	레몬즙 ½개 분량	아카시아꿀 10g
	곡물 영양 바게트(소) 1개	셰브르치즈크림 60g	오리가슴살 슬라이스 30g

꿀에 버무린 서양배

- 서양배를 2등분하여 씨를 도려내고 얇게 슬라이스한다. 절반은 레몬즙을 뿌려 따로 보관한다.
- 팬에 꿀을 넣고 색이 진해질 때까지 가열한 다음, 레몬즙을 뿌리지 않은 서양배를 넣고 버무린다. 볼에 옮겨 담아 식힌다.

몽타주

- 바게트를 길게 2등분한다. 바게트의 각 단면에 셰브르치즈크림을 펴 바른다. 오리가슴살 슬라이스의 지방 부분이 바깥쪽으로 나오게 접은 다음, 서로 겹치게 바게트에 올린다.
- 오리가슴살 사이마다 꿀에 버무린 서양배와 레몬즙을 뿌린 서양배를 차례로 끼운다. 남은 바게트로 덮는다.

NOTE 곡물 영양 바게트는 곡물영양빵(p.80 참조)과 같은 방법으로 반죽을 만든다. 완성된 반죽을 200g씩 5등분한 다음, 둥근 모양으로 가성형한다. 20분 휴지시킨 다음, 바게트모양으로 성형하여 2차발효를 한다. 30×38㎝ 오븐팬 2장에 나누어 올려 240℃에서 15~18분 굽는다.

Tartine végétarienne, avocat, raifort, céleri et pomme verte

아보카도, 홀스래디시, 셀러리, 청사과를 올린 베지테리언 타르틴

난이도 ♡

작업 30분

타르틴 20개 분량

홀스래디시크림 100g
프로마주 블랑(부드럽게 푼) 300g
렌틸콩을 넣은 비건빵(p.104 참조) 슬라이스 4장
레몬 2개
아보카도(얇게 슬라이스한) 2개
그래니스미스 사과(얇게 슬라이스한) 2개
셀러리(껍질 벗겨 어슷하게 저민) 4줄기
페리고르산 호두(살짝 볶은) 200g
소금, 후추

만들기

- 볼에 홀스래디시크림과 프로마주 블랑을 넣고 거품기로 섞는다. 짤주머니에 10번(지름 10㎜) 별깍지를 끼우고 섞은 크림을 담는다. 슬라이스한 빵 위에 작은 점을 찍듯이 크림을 짠다.
- 아보카도 슬라이스에 레몬즙을 뿌린다. 사과를 동그랗게 슬라이스하여 레몬즙을 뿌린다.
- 각 빵에 아보카도 슬라이스를 1/2개 분량씩 올리고, 사과 슬라이스도 몇 장씩 올린다. 셀러리 슬라이스 1줄기 분량과 볶은 호두를 조금씩 올린다. 소금, 후추로 간을 한다. 가니시를 모두 올린 빵 1장을 5등분한다.

TIP 셀러리는 아주 싱싱해서 쉽게 부러질 정도로 아삭한 것을 고른다. 셀러리를 평평하게 놓고 필러로 질긴 껍질을 벗긴다. 노란 잎과 가운데 무른 부분은 잘라내는데, 따로 보관했다가 타르틴에 장식으로 사용해도 좋다.

Brioche cocktail

칵테일 브리오슈

난이도 ○

전날_ 작업 12~15분 **발효** 30분 **냉장** 12시간
당일_ 작업 15분 **발효** 1시간 **굽기** 25분

브리오슈 종류별 각 12개 분량

	브리오슈반죽 600g
치즈 브리오슈	콩테치즈(간) 60g 커민시드
올리브 브리오슈	블랙올리브(씨를 빼고 작은 조각으로 자른) 50g
양파 피칸 브리오슈	적양파(얇게 썰어 캐러멜라이즈한) ½개(40g) 피칸 10g
달걀물	달걀 1개+달걀노른자 1개(함께 푼)

브리오슈반죽(전날)

- 브리오슈반죽을 만든다(p.204 참조).

만들기(당일)

- 브리오슈반죽을 약 200g씩 3등분한 다음, 손바닥으로 누르면서 가볍게 민다.
- 1번째 반죽에 콩테치즈와 커민시드 ¾을 골고루 뿌린다(나머지 콩테치즈와 커민시드는 달걀물을 바른 다음 뿌리기 위해 남겨둔다).
- 2번째 반죽에 올리브를 올리고, 남은 마지막 반죽에 양파와 피칸을 올린다.
- 각각의 반죽을 말아서 원통모양으로 성형한 다음, 각 반죽을 약 20g씩 12등분한다(자른 모양 그대로 두거나 둥글려도 좋다). 30×38㎝ 오븐팬 2장에 유산지를 깔고 반죽을 나누어 올린다. 달걀물을 바르고 상온(25℃)에서 1시간 발효시킨다.

굽기

- 오븐을 컨벡션 모드에서 145℃로 예열한다. 오븐에 팬을 넣고 25분 굽는다.
- 오븐에서 브리오슈를 꺼내 식힘망에 올려 식힌다.

Muffins à la drêche
맥주박 머핀

난이도

작업 10분 **굽기** 20분

머핀 9개 분량

T55 밀가루 85g	베이킹소다 3g	달걀 2개(100g)
말티보르(Maltivor) 맥주박가루 30g	소금 2g	생크림 60g
설탕 140g	버터(포마드 상태의 부드러운) 40g	틀에 바를 버터(무른)

만들기

- 오븐을 컨벡션 모드에서 165℃로 예열한다.
- 볼에 밀가루, 맥주박가루, 설탕, 베이킹소다, 소금을 넣고 섞는다. 포마드 상태의 부드러운 버터, 달걀, 생크림을 넣는다. 거품기로 섞어 부드러운 반죽을 만든다.
- 머핀틀에 버터를 바르고 각 틀에 반죽을 약 50g씩 채운다.
- 오븐 가운데 칸에 넣어 20분 굽는다.

오렌지 머핀 Muffins à l'orange

오렌지 2개 • 설탕 35g • 버터 25g
바닐라빈(반으로 갈라서 긁어낸) 1줄기 • 플뢰르 드 셀 3꼬집
쿠앵트로 10㎖ • 머핀반죽(위 레시피 참조) • 슈거파우더

- 오렌지는 제스트로 갈아놓고, 하얀 속껍질 안쪽의 과육만 잘라낸다. 과육 9개는 따로 보관하고, 나머지는 2~3조각으로 자른다. 키친타월에 올려 물기를 제거한다.
- 작은 냄비에 설탕을 넣고 호박색이 날 때까지 가열하여 드라이 캐러멜을 만든다. 불에서 내리고 작은 조각으로 자른 버터, 반으로 갈라서 긁어낸 바닐라빈 씨, 플뢰르 드 셀을 넣는다. 오렌지제스트와 과육 조각을 캐러멜에 넣어 섞지 않고 그냥 담가둔다. 머핀틀에 채우기 직전, 캐러멜에 쿠앵트로를 섞는다.
- 버터를 바른 머핀틀에 반죽을 나누어 담는다. 각 틀에 캐러멜 오렌지 조각을 1~2개씩 넣는다. 오븐에 넣어 20분 굽는다.
- 오븐에서 머핀을 꺼내 식힘망에 올려서 식힌 다음, 슈거파우더와 따로 보관한 오렌지 과육으로 장식한다.

비에누아즈리

Viennoiseries

Pâte à brioche

브리오슈반죽

난이도

전날_ 작업 12~15분 **발효** 30분 **냉장** 12시간

브리오슈반죽 700g 분량

달걀(소) 2개(90g)	T45 밀가루 300g	생이스트 9g
달걀노른자 2개(45g)	소금 6g	버터(차가운) 120g
우유 85g	설탕 45g	바닐라에센스 1/2작은술(2g)

믹싱(전날)

- 믹싱볼에 달걀, 달걀노른자, 우유, 밀가루, 소금, 설탕, 이스트를 넣는다(**1**). 반죽이 균일하게 섞이고, 믹싱볼 벽면에서 잘 떨어질 때까지 저속으로 섞는다(**2**).
- 저속으로 돌리면서 작은 조각으로 자른 버터를 넣고(**3**) 반죽이 다시 믹싱볼 벽면에서 잘 떨어질 때까지 믹싱한다. 버터의 질감과 풍미를 지키기 위해서는 저속을 유지하는 것이 좋다. 바닐라에센스를 넣고 반죽이 완전히 매끄러워지면 믹싱을 마무리한다.
- 믹싱볼에서 반죽을 꺼내 공모양으로 둥글린다(**4**).

1차발효

- 반죽을 용기에 넣고 랩을 씌운 다음, 상온에서 30분 휴지시킨다.
- 반죽을 다시 작업대에 올린 다음 펀칭하고(**5**), 랩을 씌워 다음 날까지 냉장한다(**6**).

TIP 브리오슈반죽에는 많은 양의 달걀과 버터가 들어가서 말랑하고 섬세한 질감을 만들어낸다. 최소 12시간 냉장하여 버터를 안정화시키고, 맛과 아로마를 발달시킨다. 브리오슈반죽은 접기, 꼬기, 땋기, 틀에 넣는 몰딩 등 다양한 모양으로 만들어 디저트 또는 요리에 사용한다.

1
2
3
4
5
6

Pâte à croissant

크루아상반죽

난이도

전날_ 작업 5분 **발효** 12시간
당일_ 냉동 접기 방식에 따라 시간이 달라질 수 있다

크루아상반죽 580g 분량

데트랑프	물 80g	T55 밀가루 125g	설탕 30g
	우유 50g	소금 5g	드라이버터 25g
	T45 밀가루 125g	생이스트 18g	
접기	드라이버터(차가운) 125g		

데트랑프(전날)

• 믹싱볼에 물, 우유, 2종류의 밀가루, 소금, 이스트, 설탕, 버터를 넣는다. 저속으로 4분 돌려 반죽을 골고루 섞는다. 믹싱속도를 높여 반죽에 충분한 탄력을 만든다. 반죽을 꺼내 둥글린 다음, 랩을 씌워 12시간 냉장한다.

접기(당일)

• 드라이버터를 유산지 사이에 넣고 정사각형으로 밀어서 편다(**1**)(**2**).

• 작업대에 밀가루를 뿌리고 데트랑프를 버터보다 조금 더 큰 직사각형으로 밀어서 편다(**3**). 반죽 한가운데에 버터를 올린다. 버터를 올리지 않은 위아래 반죽을 잘라낸 다음(**4**), 잘라낸 데트랑프 반죽 2개를 버터 위에 올려서 덮는다.

• 밀대로 반죽에 X자 모양이 남도록 대각선으로 눌러 버터를 고정시킨 다음, 전체를 눌러 버터를 데트랑프에 밀착시킨다(**5**).

NOTE 데트랑프와 버터는 차가운 상태로 같은 질감이어야 하며, 버터가 녹아내리지 않게 재빨리 작업해야 한다.

크루아상반죽에 주로 사용하는 3가지 접기 방식

- 3절접기 3번
- 4절접기 1번 + 3절접기 1번
- 4절접기 2번

3절접기 3번

• 반죽을 크기 45×25㎝, 두께 약 3.5㎜로 밀어 편다. 반죽의 1/3을 접어올린 다음(**6**), 나머지 1/3도 접는다(1번째 3절접기).

• 반죽을 90° 돌려서(**7**), 2번째 3절접기를 한다(**8**)(**9**).

• 30분 냉동했다가 다시 3절접기를 한다.

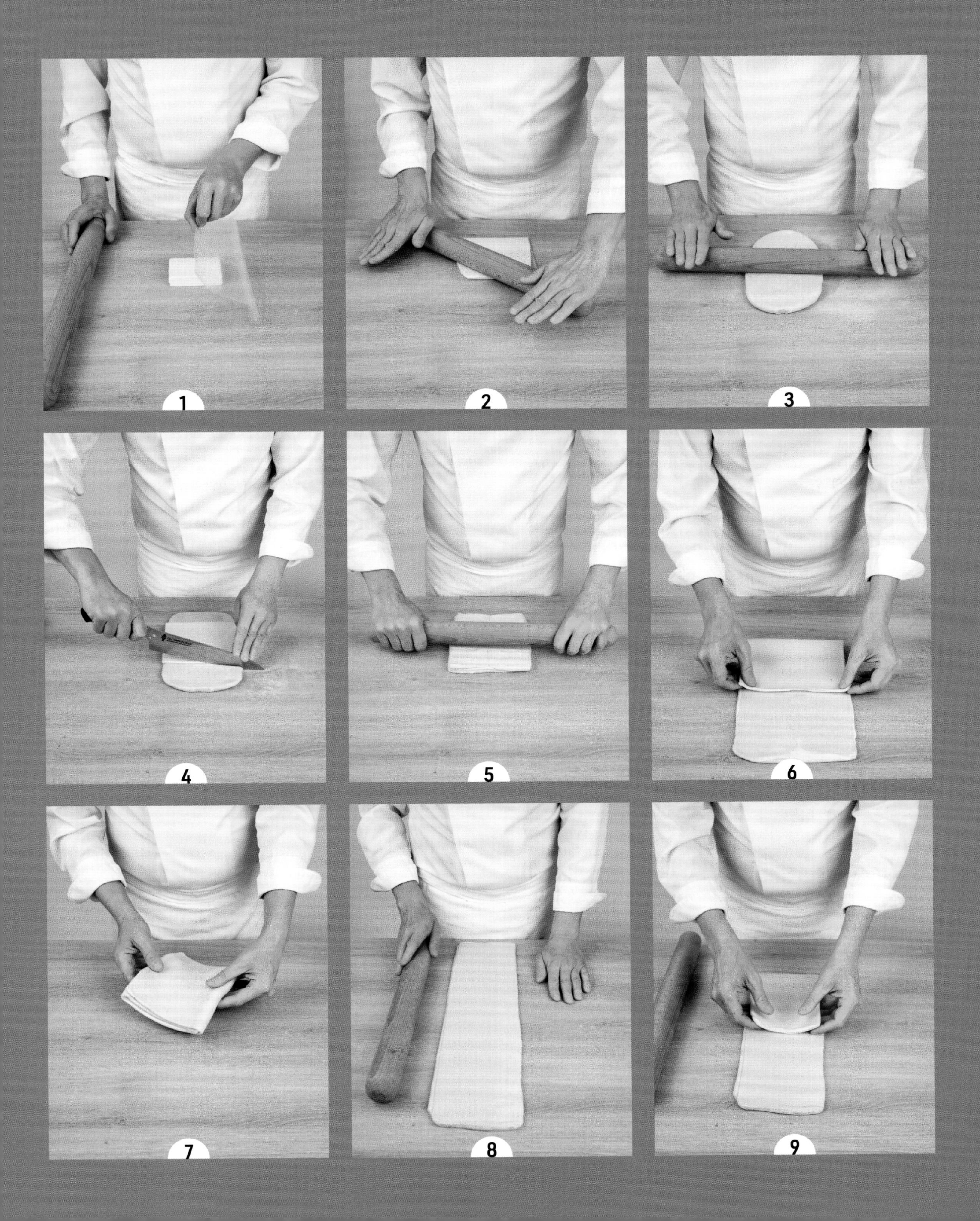
1
2
3
4
5
6
7
8
9

3절접기를 3번 한 크루아상

4절접기 1번+3절접기 1번을 한 크루아상

4절접기를 2번 한 크루아상

4절접기 1번+3절접기 1번

- 반죽을 크기 50×16㎝, 두께 3.5㎜ 정도의 직사각형으로 밀어서 편다(**10**). 반죽의 1/4을 반으로 접은 다음, 나머지 3/4을 접어 반죽의 양끝이 만나게 한다(**11**). 전체를 다시 반으로 접는다(1번째 4절접기)(**12**).
- 반죽을 90° 돌린 다음(**13**), 3절접기를 한다(**14**)(**15**).

4절접기 2번

- 반죽을 크기 50×16㎝, 두께 3.5㎜ 정도의 직사각형으로 밀어서 편다(**16**). 반죽의 1/4을 반으로 접은 다음, 나머지 3/4를 접어 반죽의 양끝이 만나게 한다(**17**). 전체를 다시 반으로 접는다(1번째 4절접기)(**18**).
- 반죽을 90° 돌린 다음, 다시 4절접기를 한다.

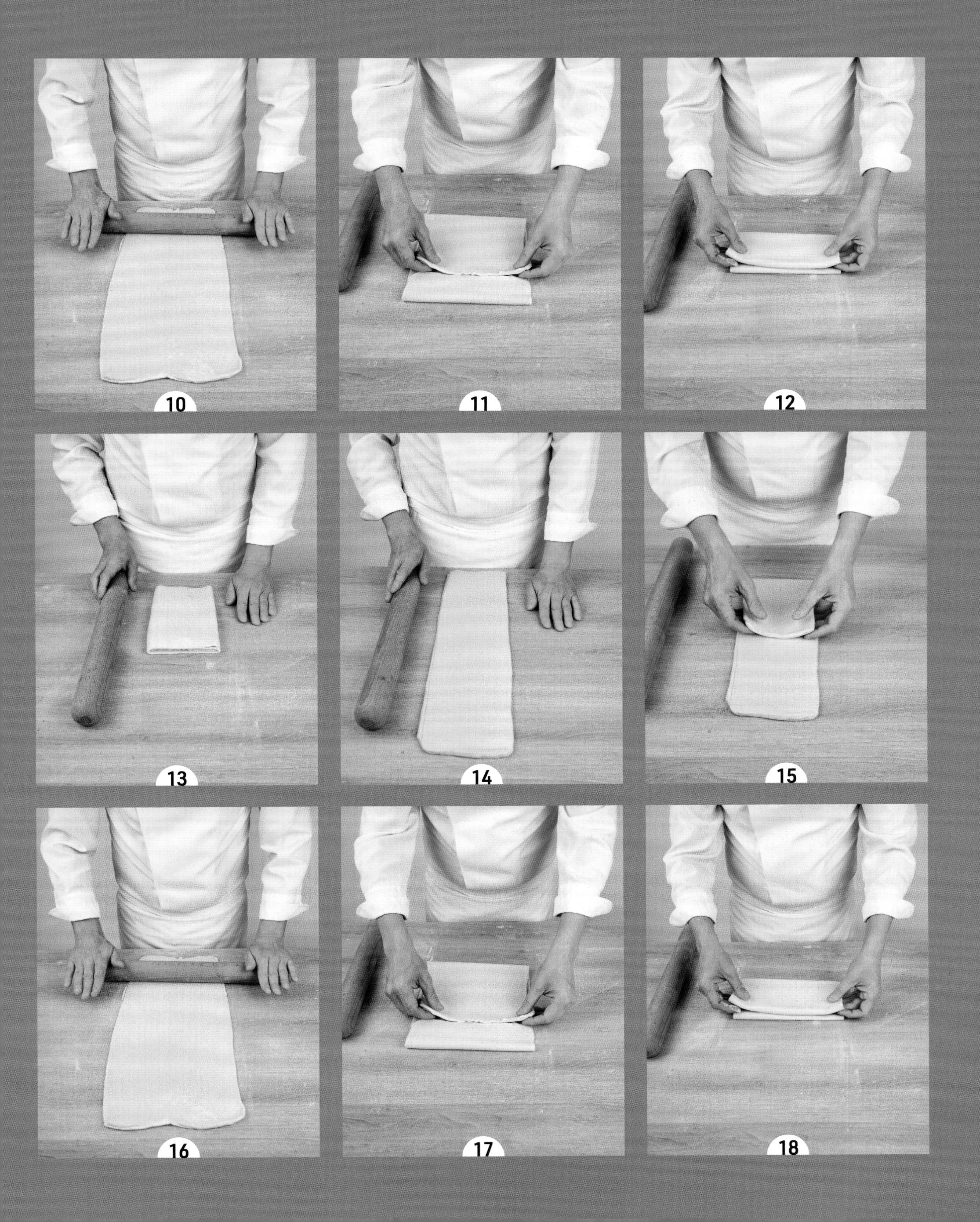
10
11
12
13
14
15
16
17
18

LE CORDON BLEU
1895
PARIS

Pâte feuilletée

파트 푀유테

난이도

전날_ 작업 5분 **냉장** 접기 방식에 따라 시간이 달라질 수 있다

4번 접은 파트 푀유테 560g 분량

데트랑프	T55 밀가루 250g	찬물 100g
	소금 5g	버터(녹인) 25g
접기	드라이버터(차가운) 180g	

데트랑프(전날)

- 믹서에 후크를 끼운 다음, 믹싱볼에 밀가루, 소금, 물, 버터를 넣는다(**1**)(**2**). 반죽이 균일하게 섞일 때까지 저속으로 돌린다. 오버믹싱을 하지 않게 주의한다(**3**).
- 반죽을 둥글려 한가운데에 십자모양의 칼집을 낸 다음(**4**), 랩을 씌워 최소 2시간 냉장한다.

접기

- 드라이버터를 유산지 사이에 넣고 밀대로 밀어 펴서 16㎝×16㎝ 정도의 정사각형을 만든다.
- 작업대에 밀가루를 가볍게 뿌리고, 밀대로 데트랑프를 지름 24㎝ 정도의 원형으로 밀어 편다. 반죽 가장자리에 버터의 모서리가 닿도록 반죽 한가운데에 버터를 올린다. 반죽의 가장자리를 잡아당겨 한가운데로 접어올린다. 봉투모양으로 버터를 완전히 감싼다.

파트 푀유테에 주로 사용하는 2가지 접기 방식을 4번 접기라고 한다

- 3절접기 4번
- 4절접기 2번 + 3절접기 1번

(3절접기 각 1번은 접기 1번, 4절접기 각 1번은 접기 1.5번으로 계산한다.)

3절접기 4번(전날)

- 반죽을 40×16㎝ 정도의 직사각형으로 밀어서 편다(**5**). 반죽의 1/3을 접어올린 다음, 나머지 1/3도 접는다(1번째 3절접기)(**6**). 랩을 씌워 20분 냉동한다.
- 반죽을 다시 꺼내 90° 돌리고 2번째 3절접기를 한다.
- 위의 과정을 반복하여 총 4번 진행한 다음, 랩을 씌워 다음 날까지 냉장한다.

4절접기 2번+3절접기 1번(전날)

- 반죽을 50×16㎝ 정도의 직사각형으로 밀어서 편다. 반죽의 1/8을 반으로 접은 다음, 나머지 7/8을 접어 양끝이 만나게 한다. 전체를 다시 반으로 접는다(1번째 4절접기). 랩을 씌워 20분 냉동한다.
- 반죽을 다시 꺼내 90° 돌리고 2번째 4절접기를 한다.
- 20분 냉동한 다음, 반죽을 다시 꺼내 90° 돌리고 3절접기를 한다.
- 랩을 씌워 최소 24시간 냉장한다.

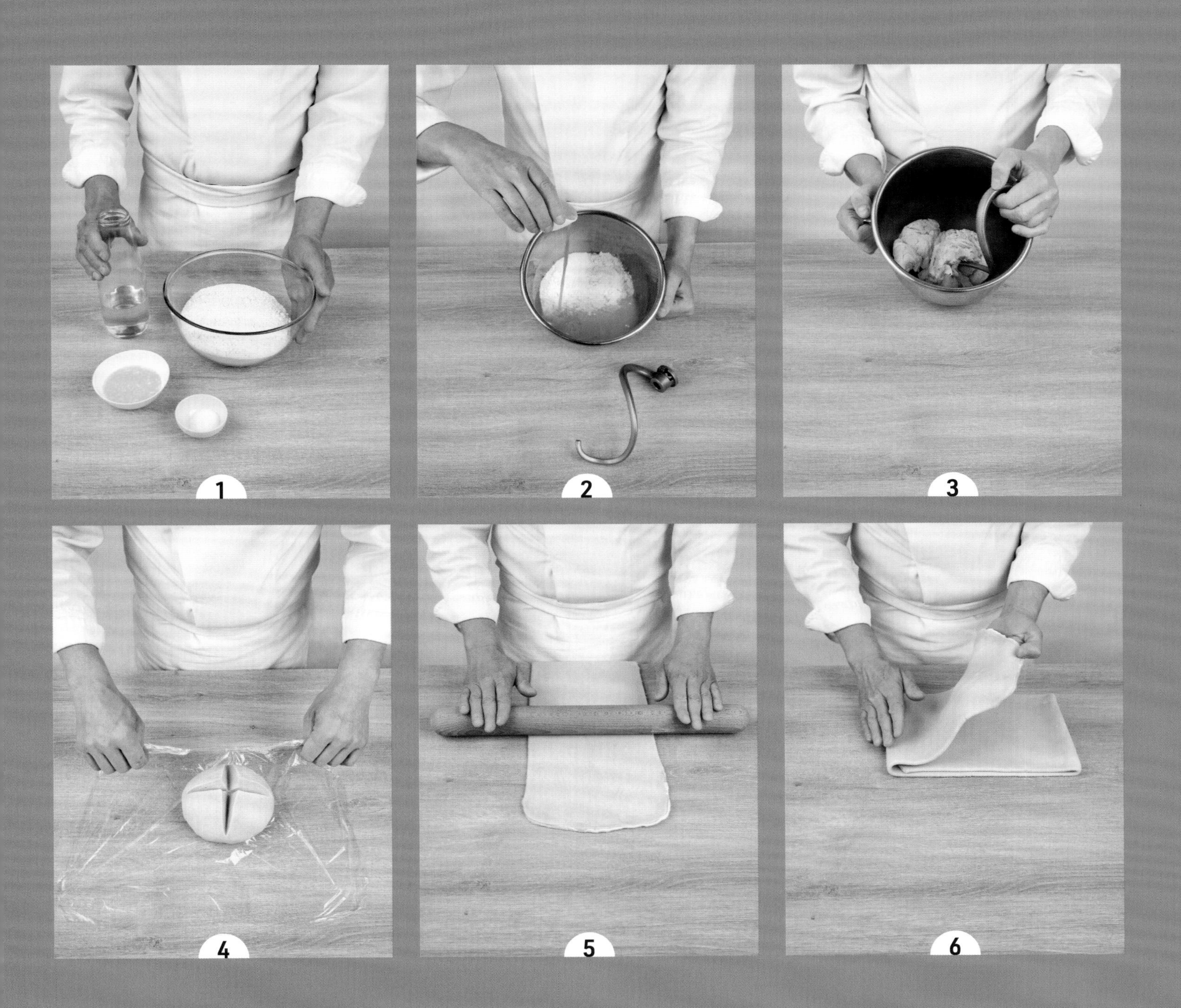
1
2
3
4
5
6

Brioche Nanterre

브리오슈 낭테르

난이도

전날_ 작업 5분 **발효** 12시간
당일_ 작업 18분 **발효** 2시간 20분~2시간 25분 **냉장** 1시간 **굽기** 25분

브리오슈 3개 분량

이스트 르뱅	생이스트 1g	우유 93g	T45 밀가루 100g
믹싱	달걀(대) 1개(67g)	T45 밀가루 233g	소금 7g
	달걀노른자 3개(58g)	설탕 38g	버터(차가운) 196g
	생이스트 20g	베르주아즈(사탕무로 만든 설탕) 12g	
	틀에 바를 버터(무른)		
달걀물	달걀 1개(푼)		

이스트 르뱅(전날)

- 볼에 우유를 붓고 이스트를 잘게 부수어 넣은 다음 거품기로 풀어준다. 밀가루를 넣고 섞는다. 랩을 씌워 상온에서 12시간 발효시킨다.

믹싱(당일)

- 믹싱볼에 이스트 르뱅, 달걀, 달걀노른자, 이스트, 밀가루, 2종류의 설탕, 소금을 넣는다. 저속으로 5분 섞은 다음, 반죽이 볼 벽면에서 잘 떨어질 때까지 고속으로 8분 믹싱한다. 작은 조각으로 자른 버터를 넣고 저속으로 5분 돌려 다시 반죽이 잘 떨어지고 버터가 완전히 흡수된 상태로 만든다.
- 믹싱볼에서 반죽을 꺼내 2번 펀칭한 다음, 용기에 넣고 덮개를 씌운다.

1차발효

- 상온에서 40분 발효시킨 다음 1시간 냉장한다.

분할 및 성형

- 18×8×7㎝ 크기의 틀 3개에 버터를 충분히 바른다.
- 작업대에 반죽을 올려 펀칭한 다음 약 45g씩 18등분한다. 각각의 반죽을 둥근 모양으로 가성형한 다음, 그대로 마른 리넨천으로 덮어 10~15분 휴지시킨다. 각 반죽을 힘주어 단단하게 둥글린 다음, 틀 1개에 6개씩 이음매가 아래로 가게 넣는다.

2차발효

- 틀을 30×38㎝ 오븐팬에 올리고, 28℃로 맞춘 발효기에서 1시간 30분 발효시킨다(p.54 참조).

굽기

- 오븐을 컨벡션 모드에서 150℃로 예열한다.
- 반죽에 조심스럽게 달걀물을 바른다. 틀 벽면에 달걀물이 묻어 흘러내리지 않도록 주의한다. 오븐 가운데 칸에 팬을 넣고 약 25분 굽는다.
- 틀에서 빼낸 다음 식힘망에 올려 식힌다.

Brioche parisienne

브리오슈 파리지엔

난이도

작업 15분 발효 3시간 50분 냉장 1시간 굽기 10~12분

브리오슈 8개 분량

T55 밀가루 185g	소금 3g	달걀 2개(100g)
생이스트 8g	설탕 18g	버터(차가운) 90g

틀에 바를 버터(무른)

달걀물 달걀 1개(푼)

브리오슈반죽

- 믹싱볼에 밀가루, 이스트, 소금, 설탕, 달걀을 넣는다. 저속으로 5분 섞어 반죽이 말랑해지고 볼 벽면에서 잘 떨어지게 한다. 버터를 넣고, 부드럽고 매끈한 반죽이 볼 벽면에서 잘 떨어질 때까지 고속으로 10분 믹싱한다.
- 작업대 위에 반죽을 올리고 밀가루를 가볍게 뿌려가며 둥글린 다음, 살짝 젖은 리넨천으로 덮는다.

1차발효

- 상온에서 1시간 30분 발효시킨다. 발효가 끝날 무렵에 반죽의 부피는 약 2배로 커진다.
- 펀칭 후 용기에 넣고 덮개를 씌워 1시간 냉장한다.

분할 및 성형

- 작업대에 밀가루를 뿌리고 반죽을 몸통용으로 35g씩 8개, 머리용으로 15g씩 8개로 나눈다.
- 반죽을 아주 동그랗고 매끈하게 둥글린 다음, 작업대 위에 놓인 그대로 마른 리넨천으로 덮어 상온에서 20분 휴지시킨다.
- 지름 7~8㎝ 브리오슈용 주름틀 8개에 버터를 바른다.
- 머리용의 작은 반죽을 물방울모양으로 성형한다. 손가락으로 몸통용 반죽 한가운데에 지름 2㎝ 크기의 구멍을 만든다. 가위로 물방울모양의 뾰족한 끝부분을 약 1㎝ 길이로 가른다. 뾰족한 끝부분을 몸통 가운데 구멍에 끼우고, 갈라진 부분을 몸통 아랫부분에 붙인다.

2차발효

- 브리오슈를 틀에 넣고 30×38㎝ 오븐팬에 올려 28℃로 맞춘 발효기에서 2시간 발효시킨다(p.54 참조). 발효가 끝나면 반죽의 부피는 2배로 커진다.

굽기

- 오븐을 컨벡션 모드에서 180℃로 예열한다.
- 달걀물을 바르고 오븐 가운데 칸에 팬을 넣은 다음, 온도를 160℃로 낮추어 10~12분 굽는다.
- 오븐에서 브리오슈를 꺼내 틀에서 빼내고 식힘망에 올려서 식힌다.

Brioche feuilletée bicolore

두 가지 색 브리오슈 푀유테

난이도 ♧♧

전날_ 작업 12~15분 **발효** 30분 **냉장** 12시간
당일_ 작업 40분 **발효** 2시간~2시간 30분 **냉동** 20~30분 **굽기** 42분

브리오슈 2개 분량

플레인 브리오슈반죽	달걀 1½개(80g)	T45 밀가루 125g	설탕 20g
	달걀노른자 2개(40g)	T55 밀가루 125g	생이스트 10g
	우유 50g	소금 5g	버터 75g
	틀에 바를 버터(무른)		
초콜릿 브리오슈반죽	버터 22g	슈거파우더 9g	카카오파우더 9g
접기	드라이버터(차가운) 130g		
프랄리네 크로캉트 크림	다크초콜릿 15g	프랄리네 65g	파이테 푀유틴* 40g
시럽	물 100g + 설탕 130g(끓인)		

* 파이테 푀유틴(pailleté feuilletine)_ 구운 크레프 조각을 잘게 부순 것.

TIP 프랄리네 크로캉트 크림을 반듯한 직사각형으로 밀어서 펴려면 큰 나이프나 자를 이용한다. 크림은 상온에서 금방 물러지기 때문에, 사용 전까지 냉장고 또는 냉동고에 보관한다.

플레인 브리오슈반죽(전날)

• 바닐라에센스를 뺀 브리오슈반죽을 만든다(p.204 참조).

초콜릿 브리오슈반죽(전날)

• 플레인 브리오슈반죽에서 100g을 떼어내 믹싱볼에 넣는다. 믹서에 플랫비터를 끼운 다음 버터, 슈거파우더, 카카오파우더를 넣고 저속으로 섞는다(**1**). 용기에 담아 덮개를 씌우고 다음 날까지 냉장한다.

접기(당일)

• 버터를 유산지로 감싼 다음 직사각형으로 밀어서 편다.
• 플레인 브리오슈반죽을 두께 약 1㎝, 버터보다 조금 긴 직사각형으로 밀어서 편다.
• 반죽 한가운데에 버터를 올린다. 위아래 남는 반죽을 잘라내 버터를 덮는다(**2**). 약 3.5㎜ 두께로 밀어서 편다. 4절접기를 한다(**3**)(p.208 참조). 반죽을 90° 돌려서 3절접기를 한다(p.208 참조). 반죽 표면에 가볍게 물을 바른다.
• 초콜릿 브리오슈반죽을 플레인 브리오슈반죽과 같은 크기로 밀어 펴서 그 위에 겹쳐 올린다(**4**). 오븐팬에 올리고 랩으로 덮어 20~30분 냉동한다.
• 2가지 색 브리오슈반죽을 꺼내 두께 약 4㎜, 크기 38×28㎝의 직사각형으로 밀어서 편다(**5**). 커터 또는 칼과 자를 이용해 초콜릿반죽에 대각선으로 일정한 간격의 칼집을 낸다(**6**). 프랄리네 크로캉트 크림을 만드는 동안 냉동한다.

프랄리네 크로캉트 크림

• 초콜릿을 중탕으로 녹인다. 프랄리네가 담긴 볼에 초콜릿을 붓고 섞는다(**7**). 파이테 퓌유틴을 넣고 조심스럽게 섞는다.
• 2장의 유산지 사이에 크림을 넣고 직사각형으로 밀어서 편 다음(**8**) 냉장고에 넣어 굳힌다.

조립

• 2가지 색 브리오슈반죽을 꺼내 작업대 위에 초콜릿반죽이 아래로 가게 올린다. 프랄리네 크로캉트 크림 윗면에 붙어 있는 유산지를 제거한 다음 반죽 위에 뒤집어 올리고, 2번째 유산지도 제거한다. 이어서 반죽을 원통모양으로 단단하게 만다. 반죽을 2등분하여 버터를 바른 19×9×7㎝ 크기의 케이크틀 2개에 하나씩 넣는다(**9**).
• 25℃로 맞춘 발효기에서 2시간~2시간 30분 발효시킨다(p.54 참조).

굽기

• 오븐을 컨벡션 모드에서 200℃로 예열한다.
• 오븐 가운데 칸에 틀을 넣고 온도를 140℃로 낮추어 40분 굽는다.
• 오븐에서 꺼낸 브리오슈에 시럽을 바르고, 다시 오븐에 넣어 2분 더 굽는다.
• 틀에서 빼내고 식힘망에 올려 식힌다.

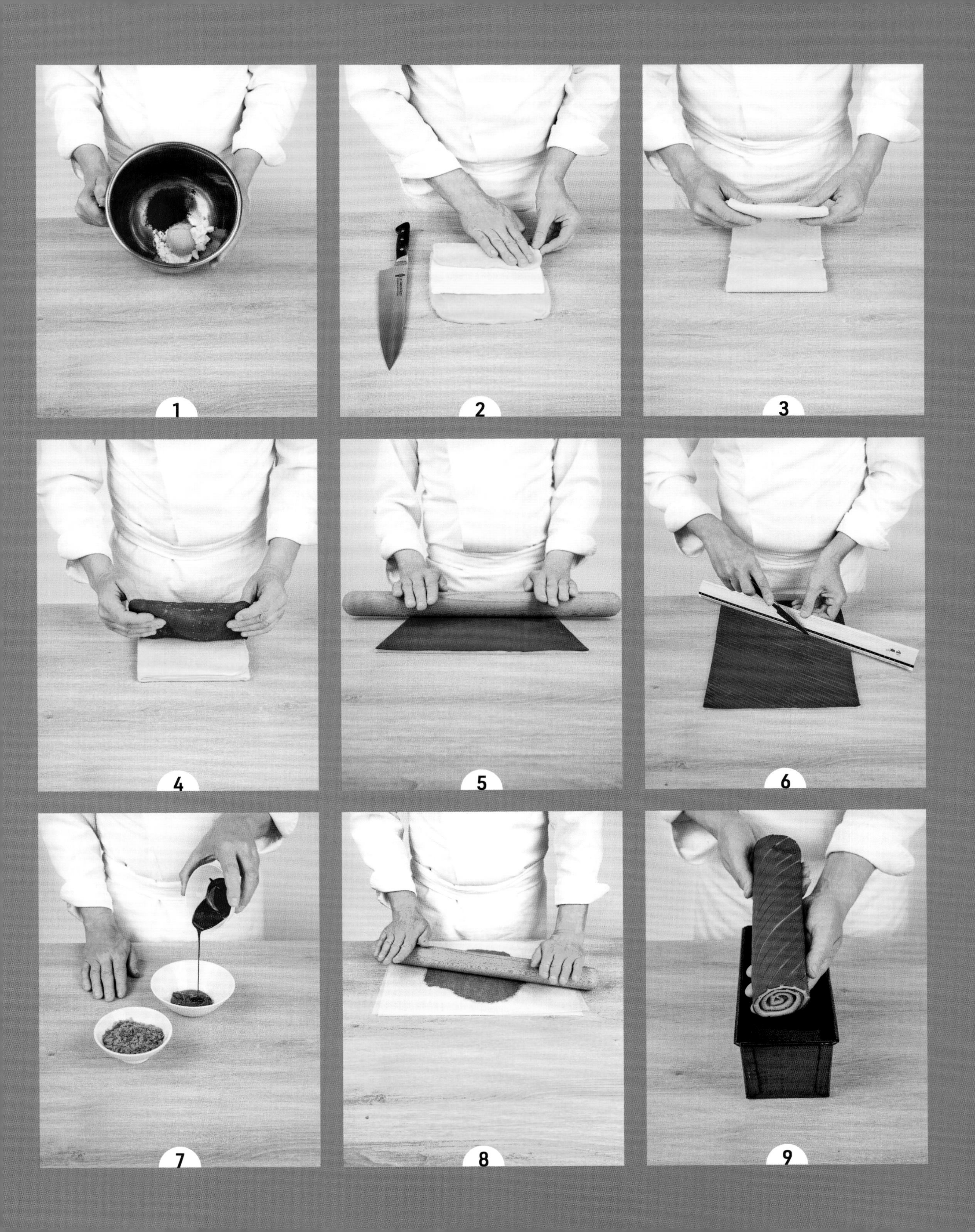
1
2
3
4
5
6
7
8
9

Brioche vendéenne

브리오슈 방데엔

난이도 ♧

전날_ 작업 23분 **발효** 25분 **냉장** 12시간
당일_ 작업 30분 **발효** 50분~1시간 15분 **굽기** 25~30분

브리오슈 2개 분량

달걀 4개(211g)	T45 밀가루 324g	소금 7g
생이스트 13g	설탕 39g	버터(차가운) 130g

달걀물 달걀 1개(푼)

마무리 우박설탕(선택)

브리오슈반죽(전날)

- 믹싱볼에 달걀, 이스트, 밀가루, 설탕, 소금을 넣는다. 저속으로 5분 섞은 다음, 반죽이 볼 벽면에서 잘 떨어질 때까지 고속으로 8분 믹싱한다.
- 버터를 작은 조각으로 잘라 넣고, 저속으로 10분 믹싱하여 반죽이 다시 볼 벽면에서 잘 떨어질 때까지 섞는다. 펀칭한 다음 용기에 담고 덮개를 씌운다.

1차발효

- 상온에서 25분 발효시킨다. 다시 한 번 펀칭하고 다음 날까지 냉장한다.

분할 및 성형(당일)

- 작업대에 밀가루를 가볍게 뿌리고, 브리오슈반죽을 손으로 눌러 가스를 뺀다. 반죽을 약 120g씩 6등분한다. 각각을 긴 모양으로 가성형한 다음(p.42~43 참조), 마른 리넨천으로 덮어 10~15분 둔다.
- 반죽을 하나씩 눌러 가스를 뺀다. 눌러서 납작하게 만든 반죽을 앞뒤로 단단하게 굴리면서 길게 늘인다. 다시 순서대로 하나씩 반죽을 굴리면서 중심에서 양끝으로 밀어 약 30㎝ 길이의 원통 모양을 만든다.
- 반죽 3가닥의 끝을 함께 눌러서 붙인다. 맨 왼쪽 가닥을 잡아서 가운데 가닥 위로 올린 다음, 맨 오른쪽 가닥을 다시 가운데 가닥 위로 올린다. 이를 반복한다(**1**)(**2**). 모두 땋은 다음, 끝부분의 이음매를 눌러서 반죽끼리 붙이고 안쪽으로 접어 넣는다(**3**).

2차발효

- 30×38㎝ 오븐팬에 유산지를 깔고 2개의 브리오슈반죽을 올린 다음 달걀물을 바른다. 28℃로 맞춘 발효기에서 40분~1시간 발효시킨다(p.54 참조).

굽기

- 오븐을 컨벡션 모드에서 170℃로 예열한다.
- 땋은 브리오슈 표면에 2번째 달걀물을 조심스럽게 바른다. 우박설탕을 뿌려 마무리해도 좋다.
- 오븐 가운데 칸에 팬을 넣고, 온도를 150℃로 낮추어 25~30분 굽는다.
- 오븐에서 꺼내 식힘망에 올려서 식힌다.

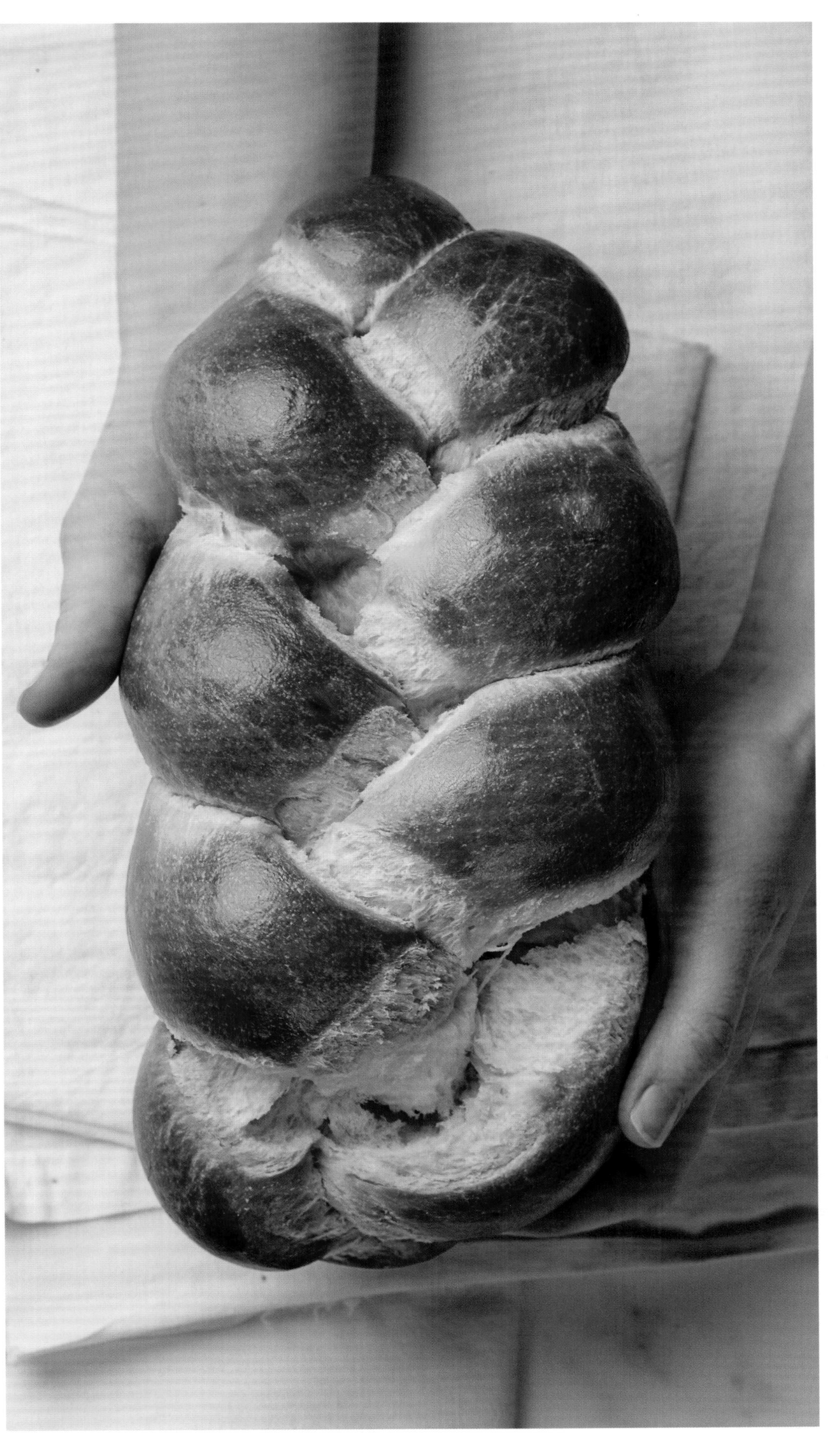

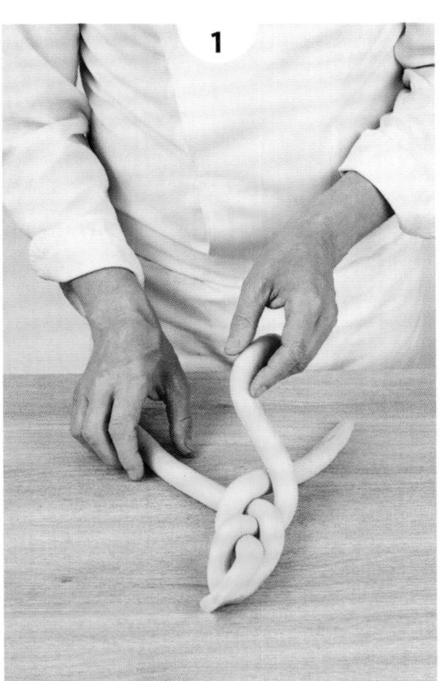
1

2

3

PARIS

Petit pain au lait
프티 팽 오레

난이도 ♔

작업 15분 **발효** 2시간 15분 **굽기** 12분

팽 오 레 8개 분량

	물 180g	T45 밀가루 320g	설탕 30g
	달걀 1개(50g)	생이스트 10g	버터(차가운) 65g
	분유 20g	소금 7g	
달걀물	달걀 1개(푼)		

믹싱
- 믹싱볼에 물, 달걀, 분유, 밀가루, 이스트, 소금, 설탕을 넣는다. 밀가루가 액체를 잘 흡수하고 끈적끈적한 반죽이 될 때까지 저속으로 5분 믹싱한다. 작은 조각으로 자른 버터를 넣고 고속으로 10분 믹싱하여 부드럽고 매끈한 반죽을 만든다. 작업대에 밀가루를 가볍게 뿌리고, 반죽을 둥글려서 젖은 리넨천으로 덮는다.

1차발효
- 상온에서 30분 발효시킨다.

분할 및 성형
- 반죽을 약 80g씩 8등분한다. 힘주어 누르지 않도록 조심하면서 둥글린 다음, 상온에서 젖은 리넨천으로 덮어 15분 휴지시킨다.
- 작업대에 밀가루를 뿌리고 반죽을 긴 모양으로 가성형한 다음 (p.42~43 참조), 12㎝ 길이의 작은 빵모양으로 성형을 마무리한다. 30×38㎝ 오븐팬에 유산지를 깔고 반죽을 올린다.

2차발효
- 25℃로 맞춘 발효기에서 반죽을 1시간 30분(p.54 참조), 또는 부피가 2배로 커질 때까지 발효시킨다.

굽기
- 오븐을 컨벡션 모드에서 180℃로 예열한다. 각 프티 팽 반죽에 달걀물을 바르고 가위를 이용해 수직으로 톱니모양의 칼집을 낸다. 오븐에 넣고 온도를 160℃으로 낮추어 약 12분 굽는다.
- 오븐에서 꺼내 식힘망에 올려서 식힌다.

Danish framboise
라즈베리 데니시

난이도 ♔

작업 15분 **발효** 1시간 45분 **굽기** 12분

데니시 8개 분량

	팽 오 레 반죽 약 680g(왼쪽 레시피 참조)	
	링에 바를 버터(무른)	
설탕 아파레이	버터(무른) 100g	설탕 100g
달걀물	달걀 1개(푼)	
장식	생라즈베리 2팩	피스타치오(다진) 30g

분할 및 성형
- 작업대에 밀가루를 뿌리고 팽 오 레 반죽을 약 80g씩 8등분한다. 각각의 반죽을 힘주어 누르지 않도록 조심하면서 둥글린 다음, 젖은 리넨천으로 덮어 상온에서 15분 휴지시킨다.
- 작업대에 밀가루를 뿌리고 반죽을 지름 10㎝ 원형으로 민다. 30×38㎝ 오븐팬에 유산지를 깔고, 버터를 바른 지름 10㎝ 타르틀레트링을 올린 다음 그 안에 반죽을 넣는다.

2차발효
- 25℃로 맞춘 발효기에서 1시간 30분 발효시킨다(p.54 참조).

설탕 아파레이 만들기 및 굽기
- 오븐을 컨벡션 모드에서 180℃로 예열한다. 링 안의 원형 반죽에 달걀물을 바르고, 가운데를 가볍게 눌러 오목하게 만든다.
- 버터와 설탕을 섞고 색이 옅어질 때까지 휘핑한다. 깍지를 끼우지 않은 짤주머니에 담아 반죽의 가장자리에서 2㎝를 남기고 가운데에 짜 넣는다.
- 반죽을 오븐에 넣고, 온도를 160℃로 낮추어 약 12분 굽는다.
- 오븐에서 빵을 꺼내 링을 벗긴 식힘망에 올려서 식힌다. 생라즈베리와 다진 피스타치오로 장식한다.

Brioche de Saint-Genix

브리오슈 드 생즈니

난이도 ♔

전날_ 작업 12~15분 **발효** 30분 **냉장** 12시간
당일_ 작업 40분 **발효** 3시간 30분 **굽기** 35분

브리오슈 3개 분량

브리오슈반죽	달걀 6개(300g)	소금 10g	생이스트 25g
	T45 밀가루 250g	설탕 40g	버터 250g
	T55 밀가루 250g		
	로즈 프랄린 340g		
달걀물	달걀 1개+달걀노른자 1개(함께 푼)		

브리오슈반죽(전날)

- 우유와 바닐라에센스를 넣지 않은 브리오슈반죽을 만든다 (p.204 참조).

1차발효(당일)

- 반죽을 젖은 리넨천으로 덮어 상온에서 30분 발효시킨다.
- 반죽을 손으로 납작하게 민 다음, 프랄린 1/2을 올린다. 펀칭 후 젖은 리넨천으로 덮어 상온에서 30분 발효시킨다.
- 다시 한 번 반죽을 손으로 납작하게 밀어서 남은 프랄린을 모두 올린다. 펀칭한 다음 젖은 리넨천으로 덮어 상온에서 30분 발효시킨다.

분할 및 성형

- 반죽을 약 480g씩 3등분한다. 각각의 브리오슈반죽을 둥글린 다음, 30×38㎝ 오븐팬 2장에 각각 유산지를 깔고 반죽을 나누어 올린다.

2차발효

- 28℃ 발효기에서 2시간 발효시킨다(p.54 참조).

굽기

- 오븐을 컨벡션 모드에서 160℃로 예열한다.
- 각 반죽에 달걀물을 조심스럽게 바른 다음, 오븐팬 2장을 오븐에 넣고 온도를 140℃로 낮추어 35분 굽는다.

Kouglof

쿠글로프

난이도

이 비에누아즈리에 들어가는 르뱅 리퀴드를 준비하려면 4일이 걸린다.

2일 전_ 건포도 절이기 24시간
전날_ 작업 12~15분 **발효** 30분 **냉장** 12~24시간
당일_ 발효 2시간 **굽기** 50분

쿠글로프 3개 분량

	르뱅 리퀴드 50g		
건포도 절이기	건포도 180g	럼 30g	
반죽	달걀 1½개(90g)	T45 밀가루 290g	설탕 70g
	달걀노른자 4개(70g)	생이스트 15g	버터(차가운) 250g
	우유 40g	소금 6g	
	틀에 바를 버터(무른)와 통아몬드		
시럽	물 1㎏+설탕 500g(끓인)		
마무리	정제버터	슈거파우더	

르뱅 리퀴드(4일 예정)

- 르뱅 리퀴드를 만든다(p.35 참조).

건포도 절이기(2일 전)

- 볼에 건포도와 럼을 담고 최소 24시간 절인다.

믹싱(전날)

- 믹싱볼에 달걀, 달걀노른자, 우유, 르뱅 리퀴드를 넣은 다음 밀가루, 이스트, 소금, 설탕을 넣는다. 브리오슈처럼 믹싱한다(p.204 참조). 반죽이 믹싱볼 벽면에서 잘 떨어지면 작은 조각으로 자른 버터를 넣는다. 마지막에 건포도를 넣고 반죽 전체에 골고루 퍼질 때까지 저속으로 믹싱한다.

1차발효

- 믹싱볼을 랩으로 덮어 30분 발효시킨다.
- 작업대에 밀가루를 가볍게 뿌리고 반죽을 펀칭한다. 반죽을 용기에 옮겨 담고 덮개를 씌워 12~24시간 냉장한다.

분할 및 성형(당일)

- 지름 13㎝ 쿠글로프틀 3개에 버터를 충분히 바르고, 틀 바닥에 아몬드를 놓는다. 반죽을 약 360g씩 3등분한다. 각각의 반죽을 둥글린 다음, 가운데에 구멍을 내고 뒤집어 반죽의 이음매가 위로 오게 틀에 넣는다.

2차발효

- 25~28℃로 맞춘 발효기에서 2시간 발효시킨다(p.54 참조).

굽기

- 오븐 가운데 칸에 30×38㎝ 오븐팬을 넣고, 컨벡션 모드에서 180℃로 예열한다. 오븐에 틀을 넣고 온도를 145℃로 낮추어 50분 굽는다.
- 오븐에서 쿠글로프를 꺼내 틀에서 빼낸다. 시럽에 담갔다가 녹인 정제버터를 듬뿍 발라 식힘망에 올린다. 식으면 슈거파우더를 뿌린다.

Babka

바브카

난이도

전날_ 작업 7~9분 **냉장** 12~24시간
당일_ 작업 30분 **발효** 1시간 30분~2시간 **굽기** 30분

바브카 2개 분량

	물 210g	버터 60g	설탕 50g
	달걀 1개(50g)	소금 9g	분유 25g
	T55 밀가루 500g	생이스트 40g	바닐라에센스 2g
가니시	버터 20g	시나몬파우더 11g	T55 밀가루 10g
	갈색 베르주아즈(사탕무로 만든 설탕) 120g		
마무리	달걀 1개(푼)	물 50g + 설탕 65g(끓인)	
	틀에 바를 버터(무른)		

동유럽에서 유래한 브리오슈

동유럽, 그중에서도 폴란드에서 온 바브카는 유대 요리에서 크란츠(kranz)라는 이름으로도 알려져 있다. 꼬임이 있는 이 브리오슈는 할머니의 주름치마를 연상시키기도 한다. 발효시킨 반죽으로 만들며, 초콜릿, 프랄리네, 말린 과일, 블루베리, 레몬, 귤잼 등 매우 다양한 재료들로 속을 채운다.

믹싱(전날)

- 믹싱볼에 물, 풀어놓은 달걀, 밀가루, 버터, 소금, 이스트, 설탕, 분유, 바닐라에센스를 넣는다. 저속으로 2~3분 섞은 다음, 중속으로 5~6분 믹싱한다. 믹싱볼에서 반죽을 꺼내 단단하게 힘주어 둥글린다. 용기에 담아 덮개를 씌우고 냉장고에서 12~24시간 발효시킨다.

가니시(당일)

- 볼에 버터, 베르주아즈, 시나몬파우더, 밀가루를 담고 모래와 같은 질감이 될 때까지 손끝으로 섞는다. 덮개를 씌워 냉장한다.

분할 및 성형

- 밀가루를 뿌린 작업대에 반죽을 올리고, 밀대로 크기 50×30㎝, 두께 4㎜ 크기의 직사각형으로 밀어서 편다(**1**). 반죽 표면에 물을 살짝 묻힌 다음 가니시를 골고루 뿌린다(**2**).
- 반죽을 길게 말아서 50㎝ 길이의 단단한 원통모양을 만든다. 큰 칼로 반죽을 둘로 길게 가른 다음(**3**), 이를 다시 짧게 2등분하여 25㎝ 길이의 반원통모양 4개를 만든다. 2개의 반죽을 꼬아(**4**) 버터를 바른 25×8×8㎝ 크기의 케이크틀에 넣는다. 남은 반죽 2개도 같은 방법으로 꼬아서 버터를 바른 2번째 틀에 넣는다.

2차발효

- 젖은 리넨천으로 덮어 상온에서 1시간 30분~2시간 발효시킨다.

굽기

- 오븐을 컨벡션 모드에서 180℃로 예열한다.
- 브러시로 반죽에 달걀물을 바르고 오븐 가운데 칸에 넣은 다음, 온도를 150℃로 낮추어 30분 굽는다.
- 오븐에서 빵을 꺼낸 즉시 브러시로 시럽을 바르고 4~5분 식힌 다음, 틀에서 빼내 식힘망 위에 올린다.

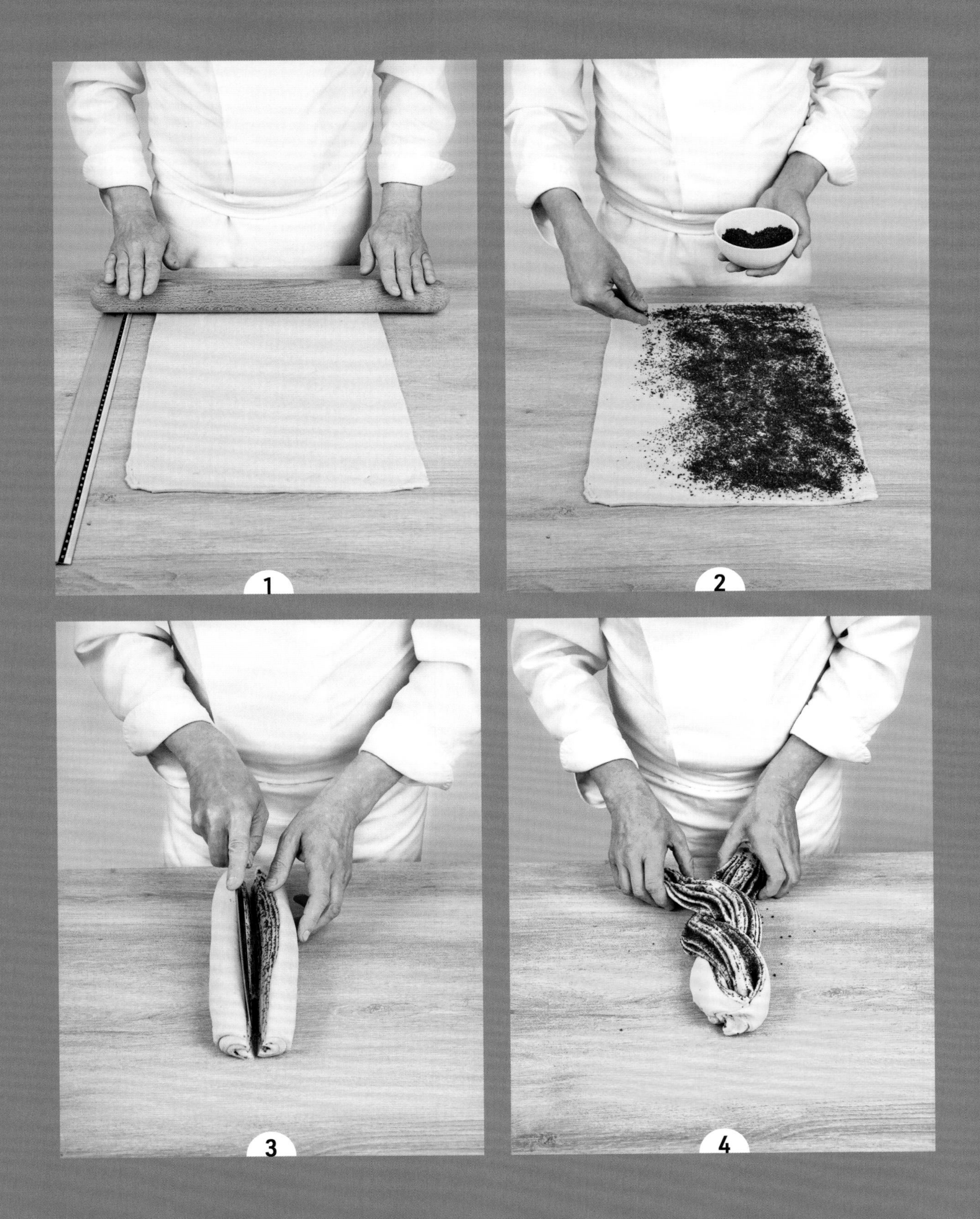
1
2
3
4

Stollen

슈톨렌

난이도 ♔♔

작업 40분 **발효** 3시간 50분 **굽기** 25분

슈톨렌 2개 분량

이스트 르뱅	우유 60g	T45 밀가루 80g	
	생이스트 18g	생아몬드페이스트 22g	
믹싱	달걀 1개(50g)	T45 밀가루 170g	설탕 30g
	우유 50g	소금 4g	버터(차가운) 105g
	오렌지콩피 큐브 60g	말린 크랜베리 60g	피스타치오(껍질 벗긴) 30g
	레몬콩피 큐브 30g	백아몬드 60g	아몬드페이스트 120g
	말린 서양배 큐브 30g		
마무리	버터(녹인)	슈거파우더	

이스트 르뱅

- 믹싱볼에 우유, 이스트, 밀가루, 생아몬드페이스트를 넣는다. 저속으로 3분 믹싱한다. 볼에 옮겨 담고 랩으로 덮어 상온에서 1시간 발효시킨다. 반죽이 2배로 부풀어야 한다.

믹싱

- 이스트 르뱅을 다시 믹싱볼에 담고 달걀, 우유, 밀가루, 소금, 설탕을 넣는다. 저속으로 4분 돌린 다음, 반죽이 볼 벽면에서 잘 떨어질 때까지 고속으로 믹싱한다. 작은 조각으로 자른 버터를 넣고 다시 반죽이 잘 떨어질 때까지 믹싱한다.
- 과일과 견과류를 넣고 반죽에 골고루 섞일 때까지 저속으로 믹싱한다.

1차발효

- 반죽을 용기에 옮겨 담고 덮개를 씌워 냉장고에서 1시간 발효시킨다.

분할 및 성형

- 반죽을 약 430g씩 2등분하여 둥글린 다음, 젖은 리넨천으로 덮어 20분 휴지시킨다.
- 아몬드페이스트를 40㎝ 길이의 원통모양으로 만든 다음, 짧게 2등분한다.
- 각 반죽을 25㎝ 길이의 긴 모양으로 성형한다(p.42~43 참조). 반죽을 가볍게 누른 다음, 아몬드페이스트를 반죽 한가운데에 올리고 반죽 속으로 눌러서 묻는다.
- 유산지를 깐 30×38㎝ 오븐팬에 반죽의 이음매가 아래로 가게 올린다.

2차발효

- 25℃로 맞춘 발효기에서 1시간 30분 발효시킨다(p.54 참조).

굽기

- 오븐을 컨벡션 모드에서 180℃로 예열한다. 오븐 가운데 칸에 팬을 넣고, 온도를 150℃로 낮추어 25분 굽는다.
- 오븐에서 꺼낸 슈톨렌에 녹인 버터를 바르고 슈거파우더를 뿌린다.

LE CORDON BLEU® PARIS - 1895 LE CORDO
LE CORDON BLEU® PARIS - 1895

Panettone

파네토네

난이도 🍞🍞

이 비에누아즈리에 들어가는 르뱅 뒤르를 준비하려면 4일이 걸린다.

전날_ 작업 15분 **발효** 12~16시간
당일_ 작업 40분 **발효** 5시간 45분~7시간 45분 **굽기** 40분 **말리기** 12시간

파네토네 2개 분량

	르뱅 뒤르 70g		
르뱅	23℃ 물 80g	달걀노른자 6개(110g)	버터(무른) 100g
	T45 그뤼오 밀가루 200g	설탕 75g	
믹싱	T45 그뤼오 밀가루 75g	버터 45g	소금 6g
	물 10g	오렌지, 레몬, 귤 제스트	물 10g
	설탕 18g	달걀노른자 2개(36g)	과일콩피 큐브 300g
	꿀 25g	바닐라빈(반으로 갈라서 긁어낸) ½줄기	
마카로나드	달걀흰자 3개(100g)	아몬드가루 100g	레몬즙 20g
	설탕 35g	T45 그뤼오 밀가루 15g	레몬제스트 3g
	슈거파우더		

르뱅 뒤르(4일 예정)

- 르뱅 뒤르를 만든다(p.36 참조).

르뱅(전날)

- 믹싱볼에 물, 르뱅 뒤르, 밀가루, 달걀노른자 1/3을 넣는다. 고속으로 8분 섞은 다음, 남은 달걀노른자, 설탕, 버터를 넣고 7분 섞는다. 반죽을 둥글려 버터를 바른 큰 용기에 넣고 덮개를 씌운다. 28℃로 맞춘 발효기에서 12~16시간 발효시킨다(p.54 참조). 반죽의 부피는 5배 커진다.

믹싱 및 1차발효(당일)

- 전날 작업한 르뱅을 1시간 전에 꺼내둔다. 믹싱볼에 르뱅을 넣고 볼 벽면에서 잘 떨어질 때까지 저속으로 돌린다. 밀가루와 물을 넣고 저속으로 5분 믹싱한 다음, 저속으로 돌리면서 다른 재료들을 차례로 넣는다(바닐라빈은 반으로 갈라서 긁어낸 씨를 사용). 반죽을 용기에 넣고 덮개를 씌운다.
- 28℃로 맞춘 발효기에서 1시간 발효시킨다(p.54 참조).

분할 및 성형

- 반죽을 약 580g씩 2등분하고, 젖은 리넨천으로 덮어 작업대 위에서 45분 휴지시킨다. 반죽을 둥글려 지름 16㎝, 높이 12㎝의 큰 종이 파네토네틀 2개에 각각 담는다.

2차발효

- 28℃로 맞춘 발효기에 4~6시간 발효시킨다(p.54 참조).

마카로나드

- 달걀흰자와 설탕을 거품기로 섞는다. 아몬드가루, 밀가루를 넣고 섞는다. 레몬즙과 제스트를 넣는다. 깍지를 끼우지 않은 짤주머니에 담고 파네토네 위에 소용돌이모양으로 짠다.

굽기

- 오븐을 컨벡션 모드에서 180℃로 예열한다. 슈거파우더를 체에 쳐서 파네토네 위에 뿌린다. 말린 다음 다시 뿌린다. 오븐 아래쪽에 넣고, 온도를 145℃로 낮추어 약 40분 굽는다.
- 오븐에서 꺼낸 파네토네를 거꾸로 매달아 12시간 말린다(꺼짐 방지). 이를 위해 긴 나무막대를 파네토네틀에 미리 꽂아둔다.

Tarte aux poires caramélisées
et noix de pécan sablées

캐러멜라이즈한 서양배와 피칸 사블레를 올린 타르트

난이도

전날_ 작업 12~15분 **발효** 30분 **냉장** 12시간
당일_ 작업 20~30분 **발효** 1시간 30분 **굽기** 40~45분

타르트 1개 분량

	브리오슈반죽 600g		
꿀을 넣어 캐러멜라이즈한 서양배	꿀 100g	크렘 프레슈 20g	서양배(껍질 벗겨 작게 깍둑썰기한) 500g
피칸 사블레	물 60g	설탕 80g	피칸 100g
마무리	슈거파우더		

브리오슈반죽(전날)

- 브리오슈반죽을 만든다(p.204 참조)

분할 및 성형(당일)

- 브리오슈반죽을 둥글린 다음, 밀대로 지름 26㎝ 원형으로 밀어 편다. 같은 크기의 타르트틀에 반죽을 넣는다.

2차발효

- 25℃로 맞춘 발효기에서 1시간 30분 발효시킨다.(p.54 참조)

꿀을 넣어 캐러멜라이즈한 서양배

- 중불로 예열한 주물팬에 꿀을 넣고 진한 호박색을 띨 때까지 캐러멜라이즈한다. 동시에, 크렘 프레슈를 데워 캐러멜라이즈한 꿀에 넣고 녹여서 풀어준다. 서양배를 넣고 뭉그러지지 않게 몇 분 가열한다. 볼에 옮겨 담고 상온으로 식힌다.

피칸 사블레

- 작은 냄비에 물과 설탕을 넣고 120℃까지 가열한다. 피칸을 넣는다. 스패출러로 계속 저으면서 피칸이 모래처럼 사각거리는 질감으로 변할 때까지 볶는다. 유산지 위에 펼쳐놓고 식힌다.

굽기

- 오븐을 컨벡션 모드에서 160℃로 예열한다.
- 타르트반죽 가장자리에서 1㎝를 남기고 캐러멜라이즈한 서양배를 펼쳐서 올린 다음, 피칸 사블레를 얹는다. 반죽을 포크로 골고루 찌른 다음 오븐 가운데 칸에 넣고 온도를 145℃로 낮추어 20~25분 굽는다.
- 오븐에서 타르트를 꺼내 식힘망에 올려서 식힌다. 가장자리에 슈거파우더를 뿌린다.

Tarte bressane

타르트 브레산

난이도 ○

전날_ 작업 23분 **발효** 25분 **냉장** 12시간
당일_ 발효 1시간 45분 **굽기** 15분

타르트 4개 분량

브리오슈반죽	달걀 2개(100g)	T45 밀가루 150g	소금 3g
	생이스트 6g	설탕 15g	버터(차가운) 70g
가니시	크렘 프레슈(유지방 30%) 80g	카소나드(부분정제 갈색설탕) 40g	
달걀물	달걀 1개+달걀노른자 1개(함께 푼)		

브리오슈반죽(전날)

- 믹싱볼에 달걀, 이스트, 밀가루, 설탕, 소금을 넣는다. 저속으로 5분 섞은 다음, 중속으로 8분 믹싱한다.
- 글루텐 망이 형성되었는지 확인한 다음, 작은 조각으로 자른 버터를 넣는다. 반죽이 볼 벽면에서 잘 떨어질 때까지 저속으로 10분 믹싱한다.
- 믹싱볼에서 반죽을 꺼내 마른 리넨천으로 덮어 상온에서 25분 발효시킨다.
- 펀칭한 다음 용기에 옮겨 담고 덮개를 씌워 다음 날까지 냉장한다.

분할 및 성형(당일)

- 반죽을 약 85g씩 4등분한다. 각각의 반죽을 둥근 모양으로 가성형한 다음, 마른 리넨천으로 덮어 15분 휴지시킨다. 밀대로 공 모양 반죽을 지름 13㎝ 원형으로 민다.

2차발효

- 30×38㎝ 오븐팬 2장에 유산지를 깔고 원형 반죽을 나누어 올린다. 달걀물을 발라 28℃로 맞춘 발효기에서 1시간 30분 발효시킨다(p.54 참조).

가니시

- 각각의 원형 반죽에 손가락으로 5개의 구멍을 낸 다음, 작은 스푼이나 깍지를 끼우지 않은 짤주머니로 구멍마다 크렘 프레슈를 채운다. 카소나드를 뿌린다.

굽기

- 오븐을 컨벡션 모드에서 180℃로 예열한다. 팬을 넣고, 온도를 160℃로 낮추어 타르트가 노릇해지고 가니시가 녹을 때까지 15분 굽는다.
- 오븐에서 타르트를 꺼내 식힘망에 올려서 식힌다.

Pompe aux grattons

퐁프 오 그라통

난이도 ♧

전날_ 작업 12~15분 **발효** 30분 **냉장** 12~24 시간
당일_ 발효 2시간 20분 **굽기** 35분

퐁프 오 그라통 1개 분량

브리오슈반죽	달걀 3개(150g)	소금 4g	버터 75g
	T45 밀가루 125g	설탕 20g	그라통* 125g
	T55 밀가루 125g	생이스트 10g	
달걀물	달걀 1개+달걀노른자 1개(함께 푼)		

* 그라통(gratton)_ 잘 구운 돼지고기 비계 조각.

브리오슈반죽(전날)

- 우유와 바닐라에센스를 뺀 브리오슈반죽을 만든다(p.204 참조). 믹싱이 끝날 무렵에 그라통을 넣고 반죽에 골고루 섞일 때까지 저속으로 돌린다.

1차발효

- 반죽을 용기에 넣고 덮개를 씌워 상온에서 30분 발효시킨다.
- 펀칭한 다음 덮개를 씌워 12~24시간 냉장한다.

성형(당일)

- 반죽을 둥근 공모양으로 성형한다. 30×38㎝ 오븐팬에 유산지를 깔고 반죽을 올린 다음, 젖은 리넨천으로 덮는다. 상온에서 20분 휴지시킨다.
- 반죽 한가운데에 구멍을 내서 지름 25㎝ 크기의 고리모양을 만든다. 달걀물을 바른다.

2차발효

- 25℃로 맞춘 발효기에서 2시간 발효시킨다(p.54 참조).

굽기

- 오븐을 컨벡션 모드에서 180℃로 예열한다.
- 반죽에 다시 조심스럽게 달걀물을 바른다. 가위를 물에 담갔다 꺼내서 반죽 표면에 빙 둘러서 수직으로 톱니모양의 칼집을 낸다. 오븐 가운데 칸에 팬을 넣고 온도를 150℃로 낮추어 35분 굽는다.
- 오븐에서 꺼낸 빵을 식힘망에 올려서 식힌다.

Pastis landais

파스티스 랑데

난이도

2일 전_ 작업 10분 **발효** 30분 **냉장** 12시간
전날_ 작업 15~17분 **발효** 25분 **냉장** 12시간
당일_ 발효 1시간 30분 **굽기** 12~15 분

파스티스 랑데 10개 분량

시럽	물 16g 소금 6g 설탕 50g	레몬제스트 ½개 분량 오렌지제스트 ½개 분량 그랑마르니에 14g	럼 14g 쿠앵트로 14g 오렌지 블라섬 워터 32g
발효반죽	발효반죽 115g		
믹싱	달걀(소) 3개(140g) T45 밀가루 257g	버터 77g+틀에 바를 분량 용기에 바를 해바라기씨 오일	
달걀물 및 마무리	달걀 1개(푼)	우박설탕	

시럽(2일 전)

- 냄비에 물, 소금, 설탕을 넣는다. 끓기 직전까지 가열하고 레몬제스트와 오렌지제스트, 그랑마르니에, 럼, 쿠앵트로, 오렌지 블라섬 워터를 넣는다. 한 번 끓인 다음 볼에 붓는다. 식으면 랩으로 덮어 다음 날까지 상온에서 향을 우려낸다.

발효반죽(2일 전)

- 발효반죽을 만들어 다음 날까지 냉장한다.(p.33 참조)

믹싱(전날)

- 믹싱볼에 달걀, 작은 조각으로 자른 발효반죽, 시럽, 밀가루, 버터를 넣는다. 저속으로 5분 섞은 다음, 반죽이 볼 벽면에서 잘 떨어질 때까지 고속으로 10~12분 믹싱한다.
- 반죽을 작업대에 올려 2번 펀칭한 다음, 해바라기씨 오일을 바른 용기에 담고 랩으로 덮는다.

1차발효

- 상온에서 25분 발효시키고 다음 날까지 냉장한다.

성형(당일)

- 반죽을 약 70g씩 10등분한다. 각각의 반죽을 힘주어 단단히 둥글린 다음, 지름 7~8㎝ 브리오슈용 주름틀 10개에 버터를 바르고 반죽을 넣는다.

2차발효

- 30×38㎝ 오븐팬에 틀을 올리고, 28℃로 맞춘 발효기에서 1시간 30분 발효시킨다(p.54 참조).

굽기

- 오븐을 컨벡션 모드에서 180℃로 예열한다.
- 틀 벽면으로 흘러내리지 않도록 조심하면서 반죽에 달걀물을 바른다. 우박설탕을 뿌린 다음 오븐 가운데 칸에 틀을 넣고 온도를 160℃로 낮추어 12~15분 굽는다.
- 오븐에서 빵을 꺼내 틀에서 빼내고 식힘망에 올려서 식힌다.

Galette des Rois briochée

브리오슈 갈레트 데 루아

난이도 ♔♔

전날_ 작업	20분	**발효**	1시간 30분	**냉장**	12시간
당일_ 작업	15분	**발효**	2시간 20분	**굽기**	20분

갈레트 2개 분량

이스트 르뱅	T45 밀가루 63g	전지우유 38g	생이스트 3g
시럽	버터 75g	물 25g	바닐라에센스 7g
	설탕 63g	쿠앵트로 13g	
믹싱	달걀 1½개(80g)	생이스트 5g	과일콩피 큐브 100g
	T45 밀가루 187g	소금 5g	
달걀물	달걀 1개+달걀노른자 1개(함께 푼)		
마무리	페브 2개	우박설탕	
	살구나파주	과일콩피 115g	

이스트 르뱅(전날)

- 볼에 밀가루, 우유, 이스트를 넣고 스패출러로 섞는다. 랩을 씌워 상온에 1시간 둔다.

시럽

- 작은 냄비에 버터를 녹이고 설탕, 물, 쿠앵트로, 바닐라에센스를 넣는다. 랩을 씌워 상온에 둔다.

믹싱

- 믹싱볼에 준비한 시럽 절반(약 60g)을 담고 달걀, 이스트 르뱅, 밀가루, 이스트, 소금을 넣는다. 저속으로 4분 섞은 다음, 반죽이 볼 벽면에서 잘 떨어질 때까지 고속으로 믹싱한다. 남은 시럽을 조정수로 넣고, 반죽이 다시 벽면에서 잘 떨어질 때까지 믹싱한다. 저속으로 돌리면서 과일콩피를 넣어 반죽과 골고루 섞는다.

1차발효

- 반죽을 용기에 담고 랩을 씌워 30분 발효시킨 다음, 다음 날까지 냉장한다.

분할 및 성형(당일)

- 반죽을 꺼내 약 330g씩 2등분한 다음, 각각의 반죽을 둥글린다. 젖은 리넨천으로 덮어 상온에서 20분 휴지시킨다.
- 엄지손가락으로 둥근 반죽 가운데에 구멍을 내고 지름 18㎝ 크기의 고리모양으로 만든다. 30×38㎝ 오븐팬 2장에 유산지를 깔고 반죽을 각각 올린다.

2차발효

- 25℃로 맞춘 발효기에서 약 2시간 발효시킨다(p.54 참조).

굽기

- 오븐을 컨벡션 모드에서 145℃로 예열한다. 반죽에 달걀물을 바르고 20분 굽는다. 오븐에서 꺼내 식힘망에 올려서 식힌다. 칼끝으로 갈레트 바닥에 구멍을 내고 페브를 넣는다.

마무리

- 살구나파주를 따뜻하게 데워 브리오슈 표면에 바른다.
- 한 손으로 브리오슈를 들고 다른 손으로 우박설탕을 묻힌다. 브리오슈 가장자리에 빙 둘러서 우박설탕을 묻힌 다음, 윗면에 과일콩피를 골고루 올려 장식한다.

RHONE-ALPES

Surprise normande

노르망디 서프라이즈

난이도

전날_ 작업 12~15분 **발효** 30분 **냉장** 12~24시간
당일_ 작업 40분 **발효** 3시간 **냉장** 1시간 **굽기** 1시간

도구 캐러멜용 원뿔형 실리콘몰드(지름 4㎝) 6개 뚜껑 포함 브리오슈용 큐브틀(크기 6×6×6㎝) 6개 조리용 온도계

노르망디 서프라이즈 6개 분량

브리오슈반죽	브리오슈반죽 270g		
사과칩	사과(소) 1개	슈거파우더	
캐러멜	설탕 125g	버터 50g	시나몬스틱 ½개
	생크림 125g	바닐라빈(반으로 갈라서 긁어낸) 1줄기	플뢰르 드 셀 2g
포칭 시럽	물 500g	바닐라빈(반으로 갈라서 긁어낸) 1줄기	칼바도스 50g
	설탕 100g	시나몬스틱 1개	
포치드 애플	로얄갈라 사과(소) 6개		
	틀에 바를 버터(무른)		

TIP 캐러멜 인서트는 구운 브리오슈 속에 넣기 전에 꽁꽁 얼려야 한다. 시럽은 전날 이전에 미리 만들어 향신료의 향이 잘 우러나게 한다. 재료의 향이 포칭하는 동안 사과에 배어든다.

브리오슈반죽(전날)

- 브리오슈반죽을 만든다(p. 204 참조)

사과칩(당일)

- 오븐을 컨벡션 모드에서 90℃로 예열한다. 슬라이서로 사과를 얇게 슬라이스한다. 유산지를 깐 오븐팬에 올리고 슈거파우더를 뿌린다(**1**). 오븐에 넣고 약 45분 굽는다.

캐러멜

- 냄비에 설탕을 넣고 중불로 진한 호박색 액체가 될 때까지 가열한다. 동시에 생크림을 데운 다음, 뜨거운 생크림을 조금씩 부어 캐러멜을 녹여서 풀어준다(**2**). 버터, 반으로 갈라서 긁어낸 바닐라빈 씨, 시나몬스틱, 플뢰르 드 셀을 넣는다. 조리용 온도계로 112℃가 될 때까지 가열한다. 원뿔형 실리콘몰드에 캐러멜을 20g씩 부어 냉동한다.

분할 및 성형

- 브리오슈반죽을 약 45g씩 6등분하여 둥글린다. 유산지를 깐 오븐팬에 올리고 랩으로 덮어 1시간 냉장한다.

포칭 시럽

- 큰 냄비에 물, 설탕, 반으로 갈라서 긁어낸 바닐라빈 씨와 깍지, 시나몬스틱을 넣는다. 한 번 끓인 다음 칼바도스를 넣고 보관한다.

포치드 애플

- 사과의 껍질을 벗기고 속을 파낸다. 4×4×4㎝ 크기의 큐브모양으로 잘라 포칭 시럽에 담근다(**3**). 유산지와 뚜껑을 덮고 5분 포칭한다. 사과를 건져낸 다음, 키친타월에 올려 물기를 제거하고 식힌다.

성형

- 밀대로 반죽을 지름 10㎝ 원형으로 밀어서 사과 큐브를 감싼 다음(**4**), 주머니처럼 여민다. 큐브틀에 버터를 바르고 유산지를 바닥과 벽면에 붙인 다음, 반죽의 이음매가 아래로 가도록 넣는다(**5**). 뚜껑을 덮어 30×38㎝ 오븐팬에 올린다.

2차발효

- 28℃로 맞춘 발효기에서 3시간 발효시킨다(p. 54 참조)

굽기

- 오븐을 컨벡션 모드에서 160℃로 예열한다.
- 오븐 가운데 칸에 팬을 넣고 14분 굽는다.
- 오븐에서 꺼내 틀에서 빼내고 식힘망에 올려서 식힌다. 얼린 캐러멜 인서트를 브리오슈의 사과 가운데에 찔러 넣는다(**6**). 가장자리에 슈거파우더를 뿌리고, 한쪽에 사과칩을 꽂는다.

Mon chou framboise
몽 슈 프랑부아즈

난이도 ♔♔♔

전날_ 작업 약 35분 **발효** 30분 **냉장** 12~24시간
당일_ 작업 20분 **냉동** 30분 **발효** 2시간 **굽기** 50분

도구 원형커터(지름 3㎝, 9㎝) 각 1개 실리콘몰드(6구 / 지름 4㎝) 1개 타르틀레트링(지름 10㎝) 6개

슈 6개 분량

플레인 & 붉은색 브리오슈반죽	브리오슈반죽 650g	붉은 색소 칼끝으로 아주 조금	
크라클랭	버터(무른) 10g 플뢰르 드 셀 1꼬집	카소나드(부분정제 갈색설탕) 13g T45 밀가루 13g	붉은 색소 칼끝으로 아주 조금
슈반죽	물 62g 소금 1꼬집	설탕 1꼬집 버터 28g	T45 밀가루 35g 달걀(대) 1개(60g)
초콜릿 브라우니	커버추어 밀크초콜릿 38g 버터 38g	달걀 ½개(25g) 설탕 42g	T45 밀가루 15g
라즈베리크림	생크림 62g 라즈베리퓌레 62g	설탕 25g 달걀노른자 1개(25g)	옥수수전분 10g 라즈베리 리큐어 5㎖
달걀물	달걀 1개+달걀노른자 1개(함께 푼)		
시럽	물 100g + 설탕 130g(끓인)		

플레인 & 붉은색 브리오슈반죽(전날)

- 브리오슈반죽을 만든다(p.204 참조).
- 브리오슈반죽을 냉장하기 전에 250g을 떼어내 색소와 함께 플랫비터를 끼운 믹싱볼에 넣는다. 색이 고르게 날 때까지 섞는다. 반죽을 둥글려(**1**) 랩을 씌우고 12~24시간 냉장한다.

크라클랭

- 플랫비터를 끼운 믹싱볼에 작은 조각으로 자른 버터, 플뢰르 드 셀, 카소나드, 밀가루, 색소를 넣고 색이 고르게 섞인 반죽을 만든다. 반죽을 둥글려 유산지 2장 사이에 끼우고, 약 2㎜ 두께로 밀어서 냉장한다(**2**).

슈반죽

- 냄비에 물, 소금, 설탕, 버터를 넣고 끓인다. 냄비를 불에서 내리고 밀가루를 넣는다. 스패출러로 섞어 매끈하고 균일하게 섞인 반죽을 만든다. 냄비를 다시 불 위에 올리고 반죽을 휘저어 수분을 날린다.
- 따뜻한 상태에서 풀어놓은 달걀을 조금씩 넣으면서 잘 섞는다. 반죽을 스패출러로 떴을 때 묵직하게 V자모양을 그리면서 떨어지면 점도가 알맞게 반죽이 완성된 것이다. 10번 원형깍지(지름 10㎜)를 낀 짤주머니에 반죽을 담고 다음 날까지 냉장한다. (슈반죽은 작업 당일에 만들 수도 있다.)

당일

- 오븐을 컨벡션 모드에서 200℃로 예열한다.
- 유산지를 깐 30×38㎝ 오븐팬에 슈반죽을 지름 3㎝ 크기의 공모양으로 짠다. 슈반죽과 지름이 같은 원형커터로 크라클랭 6개를 찍어내 각 슈반죽 위에 올린다(**3**). 오븐에 넣어 30분 굽는다. 식힘망에 올려서 식힌다.

초콜릿 브라우니

- 오븐을 컨벡션 모드에서 170℃로 예열한다.
- 볼에 초콜릿과 버터를 담고 중탕으로 녹인다. 다른 볼에 달걀과 설탕을 넣고 거품기로 색이 살짝 옅어질 때까지 휘핑한 다음 밀가루를 섞는다. 2가지 혼합물을 섞어 실리콘몰드에 20g씩 짠다(**4**). 오븐에 넣어 8분 굽는다.

라즈베리크림

- 냄비에 생크림과 라즈베리퓌레를 넣고 끓을 때까지 가열한다. 볼에 설탕과 달걀노른자를 넣고 색이 옅어질 때까지 휘핑한 다음, 옥수수전분을 넣는다. 여기에 뜨거운 라즈베리퓌레 혼합물을 1/3 붓고 섞는다. 전체를 다시 냄비에 넣고 되직해질 때까지 가열한다. 불에서 내려 라즈베리 리큐어를 넣는다. 볼에 담고 크림 표면에 랩을 밀착시켜 씌워서 냉장한다.

성형

- 플레인 브리오슈반죽 400g을 250g과 150g으로 각각 나눈다. 플레인 반죽 250g과 붉은색 반죽 250g을 각각 2㎜ 두께, 같은 크기의 직사각형으로 밀어서 편다. 플레인 반죽에 물을 바르고 그 위에 붉은색 반죽을 겹쳐 올린다(**5**). 오븐팬에 올려 15분 냉동한 다음, 다시 전체 반죽을 약 3㎜ 두께로 밀어서 편다. 다시 15분 냉동한다.
- 2가지 색 반죽을 꺼내 지름 3㎝ 원형커터로 원 54개를 찍어낸다(**6**). 30×38㎝ 오븐팬에 올리고 랩을 씌워서 냉장한다.
- 플레인 브리오슈반죽 150g을 1.5㎜ 두께로 밀어 펴고 포크로 골고루 찌른다. 오븐팬에 올려 단단해질 때까지 냉동한 다음, 지름 9㎝ 원형커터로 원 6개를 찍어낸다. 이 원형 반죽을 유산지를 깐 30×38㎝ 오븐팬에 올리고, 버터를 바른 타르틀레트링을 씌운다. 표면에 물을 가볍게 바르고, 각 반죽의 가장자리에 지름 3㎝ 크기의 2가지 색 반죽을 9개씩 겹쳐 올린다(**7**).

2차발효

- 25℃로 맞춘 발효기에서 2시간 발효시킨다(p.54 참조).

굽기

- 오븐을 컨벡션 모드에서 145℃로 예열한다.
- 발효기에서 오븐팬을 꺼내 각 링의 가운데에 브라우니를 눌러 넣는다(**8**).
- 거품기로 라즈베리크림을 매끈하게 푼 다음, 8번 원형깍지(지름 8㎜)를 낀 짤주머니에 담아 슈 6개에 채운다(**9**). 각 브라우니 위에 슈를 올린다. 달걀물을 바르고(슈에는 바르지 않는다) 오븐에 넣어 12분 굽는다.
- 오븐에서 꺼내 링을 벗기고 브러시로 시럽을 듬뿍 바른다. 다시 오븐에 몇 초 넣어 시럽을 말린다. 식힘망 위에 올린다.

1
2
3
4
5
6
7
8
9

Choco-coco

초코-코코

난이도 ♧♧♧

전날_ 작업 12~15분 **발효** 30분 **냉장** 12~24시간
당일_ 작업 40분 **발효** 2시간 30분 **굽기** 17분

도구 인서트 실리콘몰드(6구 / 지름 6㎝) 1개 실리콘 장식띠 몰드(길이 30.5㎝) 6개 타르틀레트링(지름 10㎝) 6개

초코-코코 6개 분량

브리오슈반죽	브리오슈반죽 270g		
코코넛크림	코코넛퓌레 140g	옥수수전분 16g	
	코코넛페이스트 60g	말리부 18g	
시가레트반죽	버터(무른) 25g	달걀흰자(소) 1개(25g)	T55 밀가루 25g
	슈거파우더 25g	카카오파우더 10g	
코코넛 크럼블	T55 밀가루 30g	황설탕 25g	
	버터 25g	코코넛 슬라이스 25g	
달걀물	달걀 1개 + 달걀노른자 1개(함께 푼)		
초콜릿글라사주	생크림 65g	커버추어 다크초콜릿(카카오 64%) 65g	
	꿀 11g	버터 11g	
장식	금박(선택)		

브리오슈반죽(전날)

- 브리오슈반죽을 만든다(p.204 참조).

코코넛크림(당일)

- 작은 냄비에 코코넛퓌레와 코코넛페이스트를 넣고 한 번 끓인다. 물 1큰술을 전분과 섞어 냄비에 넣고, 끓을 때까지 거품기로 저으면서 가열한다. 말리부를 넣고 섞는다. 깍지를 끼우지 않은 짤주머니에 담아 인서트 실리콘몰드에 채운다(**1**). 1시간 냉동하여 굳힌다.

시가레트반죽

- 볼에 버터와 슈거파우더를 넣고 색이 옅어질 때까지 휘핑한다. 달걀흰자, 카카오파우더, 밀가루를 넣고 스패출러로 반죽을 균일하게 섞는다. 작은 스패출러로 실리콘 장식띠 몰드에 채우고(**2**) 냉장한다.

분할 및 성형

- 브리오슈반죽을 45g씩 6등분하여 둥글린 다음, 유산지를 깐 30×38㎝ 오븐팬에 올려(**3**) 1시간 정도 냉장한다.
- 밀대로 반죽을 지름 9㎝ 원형으로 민다.
- 유산지를 깐 30×38㎝ 오븐팬에 타르틀레트링을 올린다. 링 안쪽에 실리콘 장식띠 몰드의 패턴이 안쪽을 향하도록 두른 다음, 가운데에 원형 브리오슈반죽을 넣는다(**4**).

2차발효

- 25℃로 맞춘 발효기에서 1시간 30분 발효시킨다(p.54 참조).

코코넛 크럼블

- 플랫비터를 끼운 믹싱볼에 밀가루, 버터, 황설탕, 코코넛 슬라이스를 넣어 모래와 같은 질감이 될 때까지 섞는다(**5**). 랩으로 덮어 사용 전까지 냉장한다.

굽기

- 오븐을 컨벡션 모드에서 160℃로 예열한다.
- 링 안의 반죽에 달걀물을 바르고 코코넛 크럼블을 뿌린다. 가운데에 냉동해 굳힌 코코넛크림 인서트를 눌러 넣는다(**6**)(**7**). 오븐에 넣고 온도를 145℃로 낮추어 17분 굽는다.
- 오븐에서 꺼내 바로 링을 벗기고 장식띠 몰드를 조심스럽게 제거한다. 식힘망에 올려 식힌다.

초콜릿글라사주

- 생크림과 꿀을 끓어오르기 직전까지 가열한다. 초콜릿 위에 부은 다음, 작은 조각으로 자른 버터를 넣고 저어서(**8**) 매끈해질 때까지 섞는다. 다시 계량하여 완성된 글라사주가 150g인지 확인한다. 부족하면 생크림을 넣어 보충한다.
- 브리오슈 가운데에 초콜릿글라사주를 25g씩 올린다(**9**).

장식

- 기호에 따라 금박으로 장식한다.

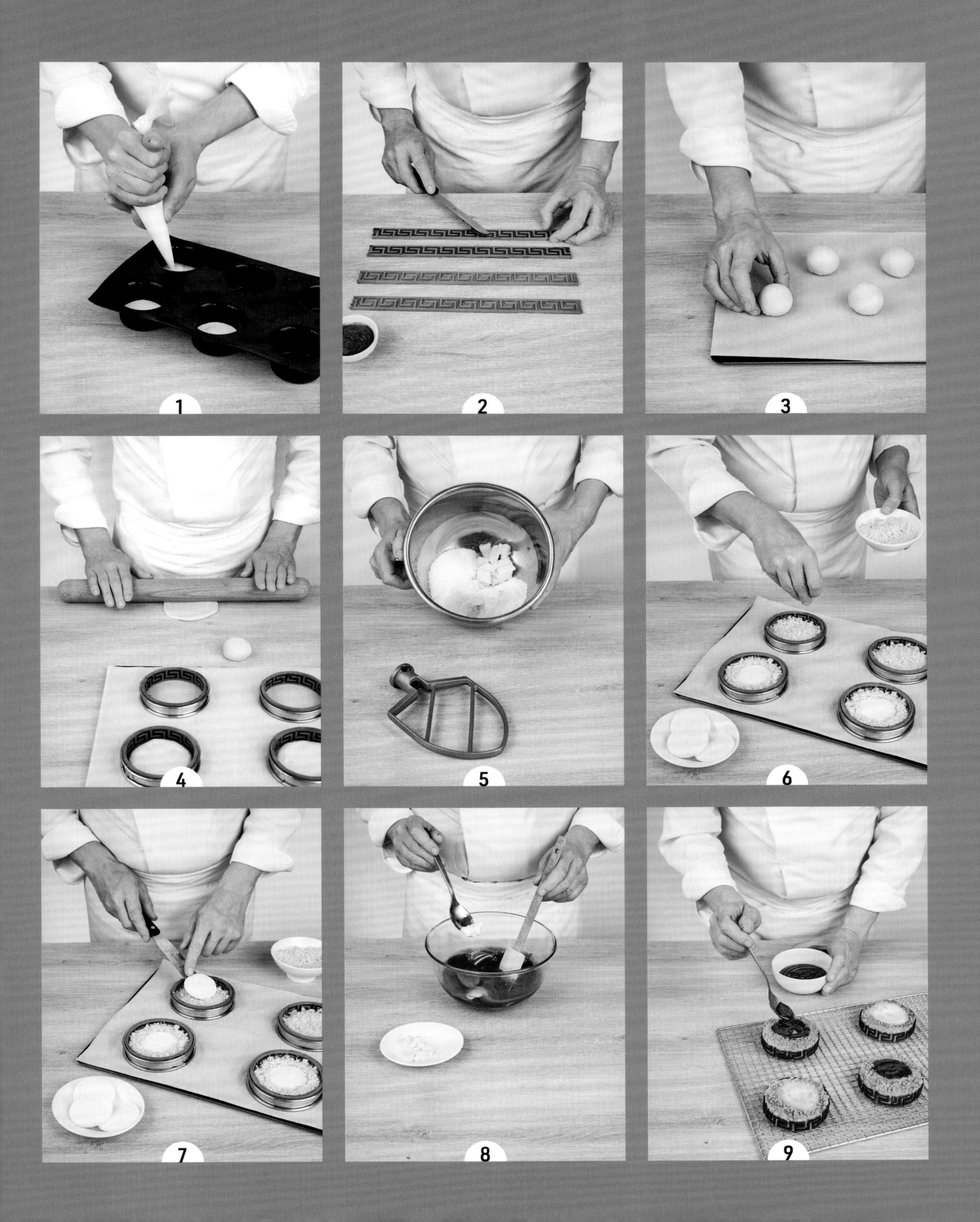

1
2
3
4
5
6
7
8
9

Croissant

크루아상

난이도 ♧♧

전날_ 작업 5분 **발효** 12시간
당일_ 작업 20분 **발효** 2~3시간 **굽기** 18분

크루아상 6개 분량

크루아상반죽	원하는 방식대로 접기를 마친 크루아상반죽 580g
달걀물	달걀 1개 + 달걀노른자 1개(함께 푼)

특별한 접기용 버터

투라주(tourage) 버터라고도 불리는 드라이버터는 제과와 제빵에서 매우 흔히 쓰인다. 유지방이 최소 84% 들어 있어 일반 버터에 비해 더 단단하고, 더운 곳에서 작업하기 쉬우며, 유연성이 좋아 반죽이 쉽게 늘어나게 한다. 특히 파트 푀유테와 비에누아즈리에 많이 쓰인다.

크루아상반죽(전날)

- 크루아상반죽을 만든다(p.206 참조).

분할 및 성형

- 작업대 위에 밀가루를 가볍게 뿌리고, 밀대로 반죽을 크기 35×28cm, 두께 약 3.5mm 정도의 직사각형으로 밀어서 편다(**1**).
- 밑변 9cm, 높이 26cm 크기의 삼각형 6개를 잘라낸 다음(**2**)(**3**), 삼각형의 아래에서부터 위로 반죽을 돌돌 만다(**4**)(**5**).

2차발효

- 유산지를 깐 30×38cm 오븐팬에 크루아상을 올린다. 달걀물을 바르고(**6**), 25℃로 맞춘 발효기에서 부피가 2배로 커질 때까지 2~3시간 발효시킨다(p.54 참조)(**7**). 또는 상온에서 마른 리넨 천으로 덮어 발효시킨다.

굽기

- 오븐을 컨벡션 모드에서 180℃로 예열한다. 2번째로 달걀물을 조심스럽게 바른 다음(**8**), 오븐 가운데 칸에 팬을 넣고 온도를 165℃로 낮추어 18분 굽는다(**9**).
- 오븐에서 꺼낸 크루아상을 식힘망에 올려서 식힌다.

NOTE 크루아상반죽 자투리는 모아둔다. 납작하게 쌓아 랩으로 감싼 다음 냉동고에 보관한다. 이렇게 보관한 반죽은 '제빵사가 만드는 사과 타탱(p.296)'이나 '아몬드-헤이즐넛 프티 케이크(p.298)'에 사용할 수 있다. 이 반죽은 15일 정도 보관할 수 있다.

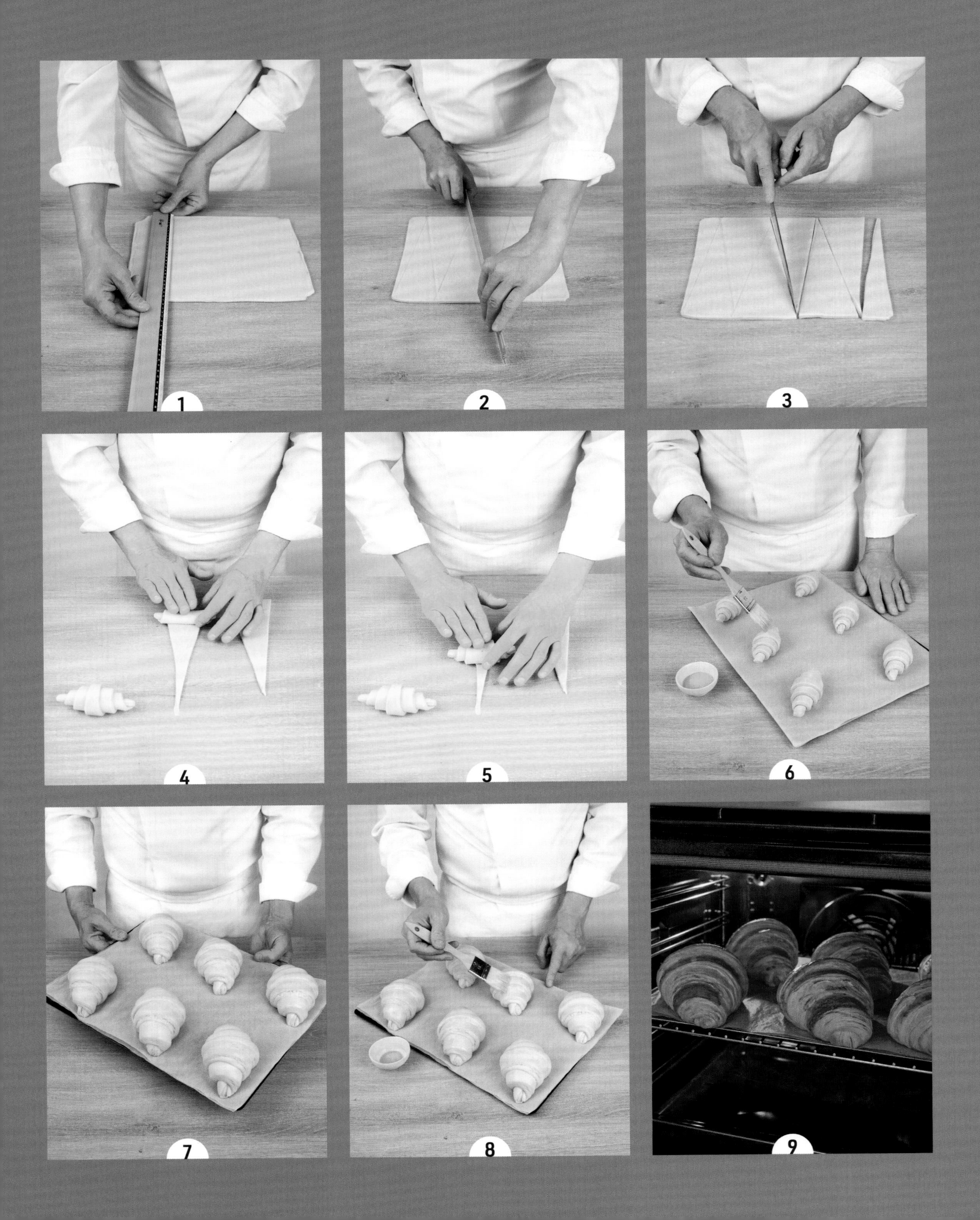

1
2
3
4
5
6
7
8
9

Pain au chocolat

팽 오 쇼콜라

난이도 ♡

전날_ 작업 15분 **발효** 12시간
당일_ 작업 20분 **발효** 2~3시간 **굽기** 18분

팽 오 쇼콜라 6개 분량

크루아상반죽	크루아상반죽 450g 초콜릿 스틱 12개
달걀물	달걀 1개+달걀노른자 1개(함께 푼)

크루아상반죽(전날)

- 4절접기를 2번 하여 크루아상반죽을 만든다(p.206, 208 참조)

분할 및 성형(당일)

- 작업대에 밀가루를 뿌리고, 밀대로 반죽을 크기 35×28㎝, 두께 3.5㎜ 정도의 직사각형으로 밀어서 편다.
- 13×8㎝ 크기의 직사각형을 6개 잘라낸다. 각 직사각형 위에 초콜릿 스틱을 2개씩 올리고 만다.

2차발효

- 30×38㎝ 오븐팬에 유산지를 깔고 팽 오 쇼콜라 반죽을 올린다. 달걀물을 바르고, 25℃로 맞춘 발효기에서 부피가 2배로 커질 때까지 2~3시간 발효시킨다(p.54 참조). 또는 마른 리넨천으로 덮어 상온에서 발효시킨다.

굽기

- 오븐을 컨벡션 모드에서 180℃로 예열한다.
- 다시 한 번 달걀물을 조심스럽게 바른 다음, 오븐 가운데 칸에 팬을 넣고 온도를 165℃로 낮추어 18분 굽는다.
- 오븐에서 꺼낸 팽 오 쇼콜라를 식힘망에 올린다.

NOTE 크루아상반죽 자투리는 모아둔다. 납작하게 쌓아 랩으로 감싼 다음 냉동고에 보관한다. 이렇게 보관한 반죽은 '제빵사가 만드는 사과 타탱(p.296)'이나 '아몬드-헤이즐넛 프티 케이크(p.298)'에 사용할 수 있다. 이 반죽은 15일 정도 보관할 수 있다.

Pain au gianduja noisette bicolore

두 가지 색
팽 오 잔두야 누아제트

난이도 ○○

전날_ 작업 15분 **발효** 12시간
당일_ 작업 45분 **냉장** 1시간 **발효** 2~3시간 **굽기** 18분

팽 오 잔두야 6개 분량

플레인 크루아상반죽	크루아상반죽 450g
초콜릿반죽	크루아상 데트랑프 110g(p.206 참조) 드라이버터 22g 슈거파우더 9g 카카오파우더 9g
잔두야 크로캉 인서트	밀크초콜릿 15g 헤이즐넛(다진) 25g 잔두야 60g 파이테 푀유틴* 40g
시럽	물 100g + 설탕 130g(끓인)

* 파이테 푀유틴(pailleté feuilletine)_ 구운 크레프 조각을 잘게 부순 것.

이탈리아의 맛있는 간식

19세기에 처음 만들어진 잔두야는 이탈리아의 가면 희극 〈코메디아 델라르테(Commedia dell'arte)〉에 등장하는 매우 진한 피부색을 가진 지오안 디아 두자(Gioan d'la douja)에서 그 이름을 따왔다. 잔두야는 초콜릿과 최소 30% 이상의 헤이즐넛페이스트로 만든다. 전통 레시피에서는 피에몬테산 헤이즐넛을 사용한다.

크루아상반죽(전날)

- 4절접기를 2번 하여 크루아상반죽을 만든다(p.206, 208 참조).

초콜릿반죽(당일)

- 믹싱볼에 크루아상 데트랑프, 슈거파우더, 카카오파우더, 드라이버터를 넣는다. 저속으로 돌려 반죽을 균일하게 섞는다. 15×15㎝ 정사각형으로 만들어 랩으로 덮고, 단단해질 때까지 냉장한다(약 1시간).

잔두야 크로캉 인서트

- 초콜릿과 잔두야를 중탕으로 녹인다. 볼에 헤이즐넛을 넣고 녹인 초콜릿을 붓는다. 스패출러로 섞은 다음 파이테 푀유틴을 넣는다. 혼합물을 작업대에 올리고 지름 1㎝의 원통모양으로 길게 늘인다. 랩으로 감싸 단단해질 때까지 냉장한 다음, 길이 8㎝ 스틱을 6개 자른다.

몽타주

- 크루아상반죽을 15×15㎝ 정사각형으로 밀어 펴고, 브러시로 표면에 가볍게 물을 바른다.
- 그 위에 초콜릿반죽을 올린다. 전체 반죽을 크기 35×28㎝, 두께 3.5㎜ 정도의 직사각형으로 밀어 편다. 커터 또는 작은 칼과 자를 이용해 초콜릿반죽에 대각선으로 일정한 간격의 칼집을 낸다(**1**). 반죽이 단단해질 때까지 냉장한 다음, 작업대에서 반죽을 조심스럽게 뒤집어 초콜릿반죽이 아래로 가게 놓는다.
- 13×8㎝ 직사각형을 6개 자른다(**2**). 잔두야 크로캉 인서트 스틱을 각 직사각형 위에 올린 다음(**3**), 반죽을 말아서(**4**) 유산지를 깐 30×38㎝ 오븐팬에 올린다.

2차발효

- 25℃로 맞춘 발효기에서 2~3시간 발효시킨다(p.54 참조).

굽기

- 오븐을 컨벡션 모드에서 180℃로 예열한다.
- 오븐 가운데 칸에 팬을 넣고 온도를 165℃로 낮추어 18분 굽는다.
- 오븐에서 꺼낸 팽 오 잔두야를 식힘망에 올리고 시럽을 바른다.

1
2
3
4

Pain aux raisins

팽 오 레쟁

난이도 ♡

전날_ 작업 15분 **발효** 12시간
당일_ 작업 30분 **냉장** 1시간 **발효** 2시간 **굽기** 19분

팽 오 레쟁 6개 분량

크루아상반죽 580g

골든 건포도(전날 럼 40g에 절인) 100g

크렘 파티시에르	달걀노른자 1개(20g) 설탕 20g	커스터드 크림 파우더 10g 바닐라빈(반으로 갈라서 긁어낸) ½줄기	우유 100g
시럽	물 100g+설탕 130g(끓인)		

크루아상반죽(전날)

- 4절접기를 2번 하여 크루아상반죽을 만든다(p.206, 208 참조)

크렘 파티시에르(당일)

- 볼에 달걀노른자와 설탕을 넣고 색이 옅어질 때까지 휘핑한 후, 커스터드 크림 파우더와 반으로 갈라서 긁어낸 바닐라빈 씨를 넣는다. 냄비에 우유를 끓여서 절반을 볼에 붓고 섞는다.
- 위의 혼합물을 남은 우유가 들어 있는 냄비에 넣고, 계속 저으면서 끓을 때까지 중불로 가열한다. 30초 정도 끓인 다음 볼에 붓고, 크렘 파티시에르 표면에 랩을 밀착시켜 씌우서 차가워질 때까지 냉장한다.

성형 및 2차발효

- 밀대로 크루아상반죽을 크기 60×20㎝, 두께 2㎜ 직사각형으로 밀어 편다. 반죽의 아래쪽 가장자리를 손끝으로 비스듬하게 뭉개 끝을 얇게 만든 다음, 가장자리에 1㎝ 너비로 물을 바른다.
- 물을 바른 자리를 피해서 스패출러로 크렘 파티시에르를 펴 바른다. 럼에 절인 건포도를 뿌리고, 반죽의 위쪽에서부터 시작해 끝을 얇게 만들어놓은 아래쪽으로 촘촘하게 말아 긴 원통모양을 만든다.
- 반죽을 냉장하여 단단하게 굳힌 다음 6등분한다. 유산지를 깐 30×38㎝ 오븐팬에 반죽을 올리고, 버터를 바른 지름 10㎝ 타르틀레트링을 씌운다.
- 28℃로 맞춘 발효기에서 부피가 2배로 커질 때까지 2시간 발효시킨다(p.54 참조).

굽기

- 오븐을 컨벡션 모드에서 180℃로 예열한다. 오븐 가운데 칸에 팬을 넣고, 온도를 165℃로 낮추어 18분 굽는다.
- 오븐에서 팬을 꺼낸 다음 온도를 220℃로 올린다. 링을 벗겨내고 팽 오 레쟁에 시럽을 바른다. 팬을 다시 오븐에 약 1분 넣어둔다.
- 오븐에서 꺼낸 팽 오 레쟁을 식힘망 위에 올린다.

프랄리네 피칸 롤 Roulé praliné-pécan

- 달걀노른자 20g, 설탕 20g, 커스터드 크림 파우더 10g, 바닐라빈(반으로 갈라서 긁어낸 씨) 1/2줄기, 우유 90g, 크렘 프레슈 10g으로 프랄리네 크렘 파티시에르를 만든다. 크림이 거의 다 끓으면 프랄리네 40g을 넣는다. 건포도는 굵게 다진 피칸 100g으로 대체한다.

Kouign-amann

퀴니아망

난이도

1~2일 전_ 작업 10분 **발효** 30분 **냉장** 12~48시간
당일_ 냉동 20분 **발효** 2시간 20분 **굽기** 30분
기본 온도 54

퀴니아망 6개 분량

물 120g 소금 20g 생이스트 8g
프랑스 전통 밀가루 200g

접기 드라이버터 150g 설탕 180g

틀에 뿌릴 설탕

믹싱(1~2일 전)

- 믹싱볼에 물, 밀가루, 소금, 이스트를 넣는다. 저속으로 4분 섞은 다음, 중속으로 6분 믹싱한다. 믹싱이 끝난 반죽온도는 23~25℃이다.

1차발효

- 믹싱볼에서 반죽을 꺼내 용기에 담고, 덮개를 씌워 상온에서 30분 발효시킨다. 펀칭한 다음 덮개를 씌워 12~48시간 냉장한다.

접기(당일)

- 버터를 유산지 사이에 넣고(p.206 참조) 정사각형으로 밀어 편다.
- 반죽을 버터보다 조금 긴 직사각형으로 밀어 편다. 반죽 한가운데에 버터를 올린다. 위아래 남는 반죽을 잘라내 버터를 덮는다. 약 3.5㎜ 두께로 밀어 편다. 3절접기를 한 다음(p.206 참조), 반죽을 랩으로 덮어 20분 냉동한다.
- 반죽을 꺼내 밀가루를 가볍게 뿌린 작업대에 올린다. 반죽 표면에 접기 분량의 설탕 절반을 뿌린 다음, 2번째 3절접기를 한다. 마른 리넨천으로 덮어 작업대 위에서 30분 휴지시킨다.
- 반죽 표면에 남은 설탕을 뿌리고 3번째 3절접기를 한다. 마른 리넨천으로 덮어 20분 휴지시킨다.

성형

- 반죽을 4㎜ 두께로 밀어 펴서 10×10㎝ 크기의 정사각형 6개를 자른다. 각 모서리를 가운데로 접는다. 지름 10㎝ 제누아즈틀 6개에 설탕을 뿌리고 반죽을 각각 넣은 다음, 30×38㎝ 오븐팬에 올린다.

2차발효

- 28℃로 맞춘 발효기에서 1시간 30분 발효시킨다(p.54 참조).

굽기

- 오븐을 컨벡션 모드에서 180℃로 예열한 다음, 오븐 가운데 칸에 팬을 넣고 10분 굽는다. 온도를 170℃로 낮추어 10분 굽는다. 다시 160℃로 낮추어 10분 굽는다.
- 오븐에서 꺼낸 퀴니아망을 틀에서 빼내고 식힘망에 올려서 식힌다.

NOTE 이 레시피에 크루아상반죽을 사용할 수도 있다. 이때 레시피의 빵반죽 350g을 크루아상반죽으로 대체하여 같은 방법으로 만든다.

Ananas croustillant

파인애플 크루스티양

난이도 ♨♨♨

전날_ 작업 10분 **냉장** 12시간
당일_ 작업 30분 **냉동** 1시간 30분 **발효** 1시간 30분 **굽기** 32분

도구 타르틀레트링(지름 10㎝) 6개 인서트 실리콘몰드(6구 / 지름 6㎝) 1개
원형커터(지름 8㎝) 1개 반구형 실리콘몰드(6구 / 지름 3㎝) 1개

파인애플 크루스티양 6개 분량

크루아상반죽

데트랑프

T45 밀가루 300g 설탕 42g 물 96g
소금 6g 버터 30g 우유 60g
생이스트 12g

접기

드라이버터(차가운) 180g

파인애플 콩포테

설탕 35g 파인애플(깍둑썰기한) 200g 파인애플즙 8g
버터 25g 커스터드 크림 파우더 4g 럼 7g
바닐라빈(반으로 갈라서 긁어낸) 1줄기 말리부 3g

시판 파인애플 슬라이스 3장(가로로 2등분하여 총 6장)

코코넛크림

코코넛퓌레 56g 옥수수전분 6g
코코넛페이스트 24g 말리부 7g

시럽 물 100g + 설탕 130g(끓인)

장식 라임제스트 1개 분량

링에 바를 해바라기씨 오일

데트랑프(전날)

- 믹싱볼에 밀가루, 소금, 이스트, 설탕, 버터, 물, 우유를 넣는다. 저속으로 5분 섞은 후 중속으로 5분 믹싱한다. 반죽을 둥글린 다음 랩을 씌워 12시간 냉장한다.

접기(당일)

- 반죽에 버터를 올리고 감싼 다음, 1.5㎝ 두께로 밀어 펴서 4절접기를 하고, 다시 밀어 펴서 3절접기를 한다(p.208 참조). 덮개를 씌워서 30분 냉동한다.
- 접힌 상태로 반죽이 끝나는 부분을 몸쪽으로 놓는다. 2㎝ 너비로 수직으로 자른 다음, 반죽 사이를 떼어 놓는다(**1**). 브러시로 각 반죽에 차가운 물을 바른다. 반죽을 옆으로 눕혀 안쪽의 결이 위로 오게 나란히 놓는다. 반죽과 반죽을 밀착시켜 붙인다(**2**). 오븐팬에 유산지를 깔고 반죽을 올려 20분 냉동한다.
- 반죽의 결이 수직을 이룬 그대로 다시 작업대에 올린다. 3.5㎜ 두께로 밀어 펴서 20분 냉동한다.
- 반죽을 2㎝ 너비로 결과 반대방향으로 자른다(**3**). 타르틀레트 링 안쪽에 오일을 바르고 띠모양으로 자른 반죽을 하나씩 두른다(**4**). 남은 반죽을 적당한 길이로 잘라 빈 벽면을 마저 채운다. 이때 반죽이 헐거워지지 않도록 주의한다.
- 자투리 반죽을 모아 납작하게 쌓는다. 너무 치대지 않도록 주의한다. 1.5㎜ 두께로 반죽을 밀어 펴고 포크로 골고루 찌른다(**5**). 오븐팬에 유산지를 깔고 반죽을 올려 20분 냉동한다.
- 원형커터로 원 6개를 찍어 링 바닥에 깐다. 28℃로 맞춘 발효기에서 1시간 30분 발효시킨다(p.54 참조).

파인애플 콩포테

- 냄비에 설탕을 넣고 물 없이 가열해 드라이캐러멜을 만든 다음, 작은 조각으로 자른 버터, 반으로 갈라서 긁어낸 바닐라빈 씨, 깍둑썰기한 파인애플을 넣는다. 파인애플즙에 커스터드 크림 파우더를 푼 다음, 냄비에 넣어 걸쭉하게 만든다. 럼과 말리부를 넣는다.
- 스푼으로 인서트 실리콘몰드에 콩포테를 30g씩 담고(**6**), 단단해질 때까지 냉동한다.

코코넛크림

- 작은 냄비에 코코넛퓌레와 코코넛페이스트를 넣고 끓을 때까지 가열한다. 옥수수전분에 물 1큰술을 넣어 섞은 다음, 냄비에 넣고 거품기로 저으면서 끓을 때까지 가열한다. 말리부를 넣고 잘 섞는다. 깍지를 끼지 않은 짤주머니에 담아서 반구형 실리콘몰드에 6개를 채운다(**7**). 냉동실에 넣어 굳힌다.

파인애플 콩포테 인서트

- 크루아상반죽이 담긴 링에 파인애플 콩포테 인서트를 넣은 다음(**8**), 파인애플 슬라이스(15g)를 올린다(**9**). 실리콘매트로 덮고 오븐팬 2개를 올린다.

굽기

- 오븐을 컨벡션 모드에서 180℃로 예열한다. 오븐 가운데 칸에 팬을 넣고 온도를 165℃로 낮추어 25분 굽는다. 이어서 온도를 180℃로 올려 5분 더 굽는다. 위에 올린 오븐팬 2개와 실리콘매트를 제거하고 링을 벗긴다. 브러시로 시럽을 바르고 다시 오븐에 넣어 2분 후 꺼낸다. 식힘망에 올려서 식힌다.

마무리

- 파인애플 슬라이스 가운데에 반구형 코코넛크림을 하나씩 올리고, 라임제스트를 갈아서 뿌린다.

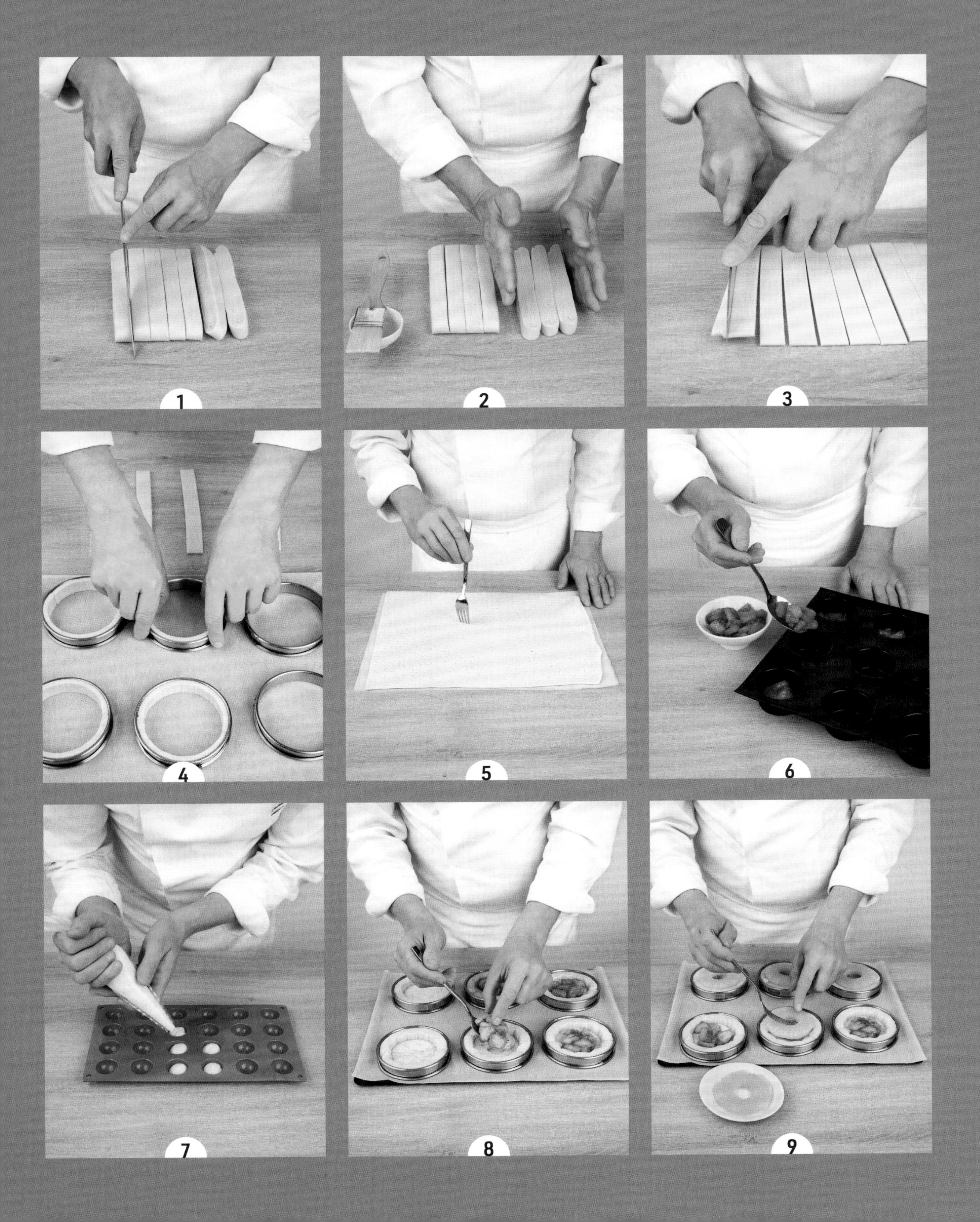
1
2
3
4
5
6
7
8
9

Flan vanille

바닐라 플랑

난이도 ○○○

전날_ 작업 15분 **발효** 12시간
당일_ 작업 30분 **냉동** 2시간 **발효** 1시간~1시간 30분 **굽기** 20분

도구 제누아즈틀(지름 10㎝) 4개 원형커터(지름 9㎝) 1개

플랑 4개 분량

크루아상반죽	크루아상반죽 530g	틀에 바를 해바라기씨 오일	
바닐라크림	달걀노른자 약 3개(50g) 설탕 60g	커스터드 크림 파우더 25g 바닐라빈(반으로 갈라서 긁어낸) 1줄기	전지우유 160g 생크림 160g
달걀물	달걀노른자 1개(푼)		

크루아상반죽(전날)

• 4절접기 1번, 3절접기 1번을 하여 크루아상반죽을 만든다(p.206, 208 참조).

재단(당일)

처음 세 단계는 p.280의 내용 중 사진 1~3을 따라 해도 좋다.

• 접힌 상태로 반죽이 끝나는 부분을 몸쪽으로 놓는다. 2㎝ 너비로 수직으로 자른 다음, 반죽 사이를 떼어 놓는다. 브러시로 각 반죽에 차가운 물을 바른다. 반죽을 옆으로 눕혀 안쪽의 결이 위로 오게 나란히 놓는다. 반죽과 반죽을 밀착시켜 붙인다. 오븐팬에 유산지를 깔고 반죽을 올려 20분 냉동한다.

• 반죽의 결이 수직을 이룬 그대로 다시 작업대에 올린다. 3.5㎜ 두께로 밀어 펴서 20분 냉동한다.

• 반죽을 3㎝ 너비로 결과 반대방향으로 자른다. 제누아즈틀 안쪽에 오일을 바르고 띠모양으로 자른 반죽을 하나씩 두른다. 남은 반죽을 적당한 길이로 잘라 빈 벽면을 마저 채운다. 이때 반죽이 헐거워지지 않도록 주의한다.

• 자투리 반죽을 모아 2㎜ 두께로 밀어 편 다음, 포크로 골고루 찌른다. 20분 냉동한 다음, 원형커터로 원을 찍어낸다. 찍어낸 원을 제누아즈틀 바닥에 깔고 벽면의 반죽과 잘 이어 붙인다.

2차발효

• 28℃로 맞춘 발효기에서 1시간~1시간 30분 발효시킨다(p.54 참조). 1시간, 또는 반죽이 굳을 때까지 냉동한다.

바닐라크림

• 볼에 달걀노른자와 설탕을 넣고 색이 옅어질 때까지 휘핑한 다음, 커스터드 크림 파우더와 반으로 갈라서 긁어낸 바닐라빈 씨를 넣는다. 냄비에 우유와 생크림을 끓여 절반 정도를 볼에 붓고 섞는다.

• 남은 우유와 생크림이 들어 있는 냄비에 볼의 혼합물을 붓고, 거품기로 계속 저어가며 중불로 가열한다. 30초 정도 끓인다.

굽기

• 오븐을 컨벡션 모드에서 200℃로 예열한다.

• 30×38㎝ 오븐팬에 제누아즈틀을 올리고, 냉동한 반죽에 뜨거운 바닐라크림을 채운다. 브러시로 뜨거운 크림에 달걀물을 바른 다음, 오븐 가운데 칸에 넣고 온도를 165℃로 낮추어 20분 굽는다.

• 오븐에서 꺼낸 플랑을 틀에서 빼낸 다음, 식힘망에 올려서 식힌다.

Dôme chocolat cœur caramel

캐러멜이 숨겨진

돔 쇼콜라

난이도

전날_ 작업 5분 **발효** 12시간
당일_ 작업 1시간 **냉동** 약 4시간 **발효** 3시간 **굽기** 35분

도구 캐러멜용 반구형 실리콘몰드(6구 / 지름 3㎝) 1개 쇼콜라 미-퀴용 반구형 실리콘몰드(6구 / 지름 5㎝) 1개 원형커터(지름 7㎝) 1개 조리용 온도계 크루아상반죽용 반구형 실리콘몰드(6구 / 지름 7㎝) 1개

돔 쇼콜라 6개 분량

크루아상 돔	크루아상 데트랑프 450g	드라이버터 125g	
캐러멜	설탕 60g	생크림 60g	버터 9g
쇼콜라 미-퀴	다크초콜릿 47g	달걀(소) 1개(47g)	T55 밀가루 20g
	버터 25g	설탕 75g	
쇼콜라 사블레	버터 27g	슈거파우더 32g	카카오파우더 5g
	T65 밀가루 66g	아몬드가루 5g	달걀(소) ½개(17g)
	소금 1g		
캐러멜파우더	설탕 100g		
마무리	접착용 다크초콜릿(녹인)		
	실리콘매트와 오븐팬에 바를 버터(무른)		

크루아상 데트랑프(전날)

- 크루아상 데트랑프를 만든다(p.206 참조)

성형(당일)

- 크루아상 데트랑프에 12×12㎝ 정사각형으로 준비한 드라이버터를 넣고 4절접기 1번, 3절접기 1번을 하여 크루아상반죽을 만든다(p.208 참조). 접기를 마친 각 변의 길이가 14㎝를 넘지 않도록 주의한다. 덮개를 씌워 20분 냉동한다.
- 접힌 상태로 반죽이 끝나는 부분을 몸쪽으로 놓는다. 작업대에 밀가루를 가볍게 뿌린 다음, 반죽을 35㎝ 길이로 밀어서 편다. 다시 20분 냉동한다.
- 반죽을 다시 밀어 펴서 길이를 65㎝까지 늘인다. 큰 칼로 길이 60㎝, 너비 8㎜의 띠 6개를 자른다. 자투리 반죽은 보관한다. 띠 모양 반죽을 각각 소용돌이모양으로 만다. 버터를 충분히 바른 실리콘매트를 오븐팬에 깔고 말아놓은 반죽을 올린다(**1**).

2차발효

- 말아놓은 반죽을 28℃로 맞춘 발효기에서 3시간 발효시킨다(p.54 참조).

성형(이어서)

- 보관해둔 자투리 반죽을 1.5㎜ 두께로 밀어 편다. 포크로 반죽을 골고루 찌른 다음, 최소 2시간 냉동한다.

캐러멜

- 작은 냄비에 설탕을 넣고 약간의 물로 설탕을 적신 다음 180~190℃까지 가열한다(조리용 온도계로 확인한다). 생크림을 데워 냄비에 붓고 다시 118℃까지 가열한다. 버터를 넣고 스패출러로 저어 매끈한 캐러멜을 만든다. 반구형 실리콘몰드에 6개를 채우고 최소 2시간 냉동한다.

쇼콜라 미-퀴

- 볼에 초콜릿과 버터를 담고 중탕으로 녹인다. 달걀과 설탕을 색이 옅어질 때까지 거품기로 휘핑한다. 녹인 초콜릿과 버터를 넣고 섞은 다음, 밀가루를 넣어 섞는다. 쇼콜라 미-퀴용 반구형 실리콘몰드에 6개를 채우고(**2**), 가운데에 먼저 만들어서 얼려둔 캐러멜을 하나씩 눌러 넣는다(**3**). 사용 전까지 냉동한다.

쇼콜라 사블레

- 플랫비터를 끼운 믹싱볼에 버터, 밀가루, 소금, 슈거파우더, 아몬드가루, 카카오파우더, 달걀을 넣고 섞는다.
- 오븐을 컨벡션 모드에서 160℃로 예열한다.
- 작업대에 유산지를 깐 다음, 쇼콜라 사블레 반죽을 올리고 그 위에 다시 유산지를 덮는다. 2㎜ 두께로 밀어 펴고 원형커터로 원 6개를 찍어낸다(**4**). 유산지를 깐 오븐팬 위에 찍어낸 원을 올리고, 오븐 가운데 칸에 넣어 10분 굽는다.
- 오븐에서 사블레를 꺼내 식힘망에 올려 식힌다.

캐러멜파우더

- 냄비에 설탕을 넣고 호박색이 될 때까지 가열한 다음, 유산지를 깐 오븐팬 위에 붓는다. 식힌 다음 푸드프로세서로 갈아 고운 캐러멜파우더를 만든다(**5**).

굽기

- 오븐을 170℃로 예열한다. 30×38㎝ 오븐팬에 유산지를 깔고 크루아상반죽용 반구형 실리콘몰드를 올린 다음, 위에서 소용돌이모양으로 말아놓은 크루아상반죽을 얹는다(**6**). 그 위에 캐러멜을 넣은 쇼콜라 미-퀴 인서트를 올린다. 위에서 얇게 밀어 펴서 포크자국을 낸 냉동반죽을 꺼내 지름 7㎝ 크기의 원 6개를 찍어낸다.
- 크루아상 돔 가장자리에 물을 바르고 원형 반죽을 올려 몰드를 덮는다(**7**). 유산지로 덮고 30×38㎝ 오븐팬을 얹는다. 오븐 가운데 칸에 넣어 20분 굽는다.
- 팬을 꺼낸 다음 오븐온도를 180℃로 높인다. 구워진 돔을 몰드에서 조심스럽게 빼낸 다음, 오븐팬 위에 뒤집어 올린다. 캐러멜파우더를 뿌린다(**8**). 다시 오븐에 넣어 5분 굽는다.
- 오븐에서 꺼낸 돔을 식힘망에 올린다.

마무리

- 쇼콜라 사블레에 녹인 초콜릿을 바르고 돔을 붙인다(**9**).

1
2
3
4
5
6
7
8
9

Fleur framboise-citron

라즈베리-레몬 플라워

난이도 ♧♧♧

전날_ 작업 15분 **냉장 및 냉동** 12~24시간 **굽기** 10분
당일_ 작업 30분 **냉동** 약 1시간 30분 **발효** 1시간 30분 **굽기** 20~23분

도구 라즈베리 콩포테용 인서트 실리콘몰드(6구 / 지름 6㎝) 1개 꽃과 레몬젤리용 반구형 실리콘몰드(6구 / 지름 3㎝) 1개 타르틀레트링(지름 10㎝) 6개 꽃모양커터(지름 3㎝) 1개 크루아상반죽용 원형커터(지름 3㎝, 10㎝) 각 1개

라즈베리-레몬 플라워 6개 분량

	크루아상 데트랑프 450g	드라이버터 125g	
붉은색 반죽	T45 그뤼오 밀가루 100g 비트즙 50g	버터 10g 생이스트 4g	설탕 15g 소금 2g
라즈베리 콩포테	냉동 라즈베리 115g	설탕 30g	NH펙틴 3g
레몬젤리	스위트레몬즙 60g 물 20g	설탕 20g	NH펙틴 3g
시럽	물 125g + 설탕 125g(끓인)		
	티무트후추(선택)		

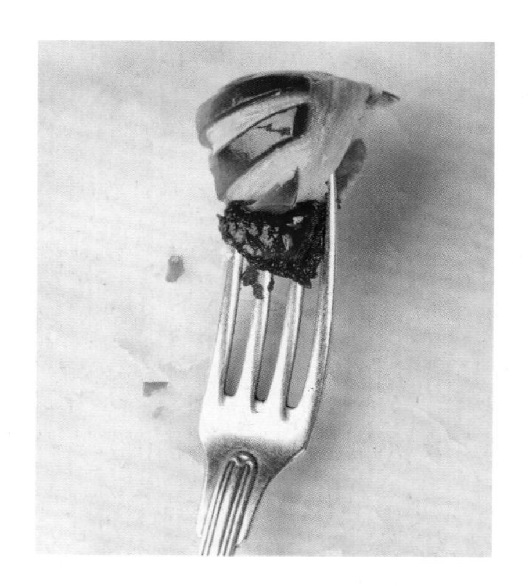

ADVICE 굽는 온도를 주의한다. 온도가 더 올라가면 붉은 반죽의 색이 어두워질 수 있다. 또한 붉은 반죽에 칼집을 너무 깊이 내지 않도록 주의한다. 잘못하면 꽃잎이 둘로 갈라져버릴 수도 있다.

크루아상 데트랑프(전날)

- 크루아상 데트랑프를 만든다(p.206 참조).

붉은색 반죽

- 믹싱볼에 밀가루, 비트즙, 버터, 이스트, 설탕, 소금을 넣는다. 저속으로 5분 섞은 다음, 중속으로 5분 믹싱한다. 반죽을 둥글려 랩을 씌우고 12~24시간 냉장한다.

라즈베리 콩포테

- 냄비에 라즈베리를 넣고 끓기 직전까지 가열한다. 설탕과 펙틴을 섞어 냄비에 넣는다. 약불에서 저어가며 3분 익힌다. 인서트 실리콘몰드에 20g씩 담아 냉동한다.
- 남은 콩포테는 유산지 위에 펼쳐서 냉동한 다음, 꽃모양커터로 꽃 6개를 찍어낸다. 꽃을 반구형 실리콘몰드에 넣고 냉동하여 굳힌다(**1**).

레몬젤리

- 작은 냄비에 레몬즙과 물을 넣고 끓기 직전까지 가열한다. 설탕과 펙틴을 섞어 냄비에 넣고, 약불에서 저어가며 끓기 직전의 온도를 유지한다. 라즈베리 콩포테 꽃을 넣은 몰드에 붓고 다시 냉동한다.

성형(당일)

- 작업대에 밀가루를 뿌린다. 크루아상 데트랑프에 12×12㎝ 정사각형으로 준비한 드라이버터를 넣고 4절접기 1번, 3절접기 1번을 하여 크루아상반죽을 만든다(p.208 참조). 접기가 끝난 반죽은 14×14㎝ 정사각형이어야 한다.
- 붉은색 반죽을 15×15㎝ 정사각형으로 밀어 편다. 위에서 작업한 크루아상반죽 표면에 물을 바르고 붉은색 반죽을 겹쳐 올린다. 랩을 씌워 15분 냉동한다.
- 반죽을 크기 30×28㎝, 두께 3㎜의 직사각형으로 밀어 편 다음, 크기가 같도록 가장자리를 잘라낸다(**2**). 커터나 작은 칼, 자를 사용하여 붉은색 반죽에 일정한 간격을 두고 대각선으로 칼집을 낸 다음, 냉동하여 굳힌다.
- 지름 3㎝ 원형커터로 원 48개를 찍어낸다(**3**). 냉동하여 굳힌다. 남은 반죽은 1.5㎜ 두께로 밀어 편 다음, 포크로 반죽을 골고루 찌르고 냉동하여 굳힌다.
- 30×38㎝ 오븐팬에 유산지를 깔고 타르틀레트링을 올린 다음, 지름 10㎝ 원형커터로 원 6개를 찍어내 링 안에 하나씩 넣는다. 그 위에 지름 3㎝ 원을 6~8개씩 살짝 겹치도록 둘러 놓는다.

2차발효

- 25℃로 맞춘 발효기에서 1시간 30분 발효시킨다(p.54 참조).

굽기

- 오븐을 컨벡션 모드에서 145℃로 예열한다.
- 반죽 한가운데에 냉동한 라즈베리 콩포테 인서트를 놓은 다음(**4**), 오븐 가운데 칸에 팬을 넣고 20분 굽는다. 필요한 경우, 링에서 빼내 다시 오븐에 넣고 3분 더 굽는다.
- 오븐에서 꺼내 시럽을 듬뿍 바른다. 식힌 다음, 가운데에 반구형 라즈베리 레몬 돔을 올린다. 기호에 따라 티무트후추를 가볍게 뿌린다.

1
2
3
4

Couronne tressée mangue-passion

망고-패션프루트

쿠론 트레세

난이도

전날_ 작업 15분 **발효** 12시간

당일_ 작업 45분 **냉동** 30분 **발효** 1시간~1시간 30분 **굽기** 28분

도구 원형커터(지름 9㎝) 1개 타르틀레트링(지름 10㎝) 6개 인서트 실리콘몰드(6구 / 지름 6㎝) 1개

쿠론 6개 분량

크루아상반죽	크루아상반죽 580g		
달걀물	달걀 1개 + 달걀노른자 1개(함께 푼)		
	링에 바를 버터(무른)		
망고-패션프루트 크림	생크림 63g 패션프루트퓌레 32g 망고퓌레 30g	달걀노른자 1개(25g) 설탕 25g	옥수수전분 10g 말리부 5㎖
망고-패션프루트 글라사주	패션프루트퓌레 38g 망고퓌레 86g	설탕 34g NH펙틴 5g	

매우 섬세한 땋기 테크닉

쿠론 트레세는 왕관모양으로 땋아 만든다. 최상의 결과물을 위해서는 반죽을 띠모양으로 가늘게 잘라 차가운 상태에서 빈틈없이 촘촘하게 땋아야 한다. 길이가 40㎝를 넘지 않도록 주의해야 하는데, 그보다 길면 줄여야 하며, 쿠론 가장자리의 결이 깔끔하게 나오지 않는다.

크루아상반죽(전날)

- 4절접기를 2번 하여 크루아상반죽을 만든다(p.206, 208 참조).

당일

- 크루아상반죽을 35×20㎝ 크기로 밀어 편다. 오븐팬에 유산지를 깔고 반죽을 올려 반죽이 살짝 굳을 때까지 냉동한다. 반죽을 꺼내 크기 45×20㎝, 두께 3.5㎜ 직사각형으로 밀어 편다.
- 큰 칼로 너비 1㎝, 길이 40㎝ 띠 18개를 자른 다음, 3가닥씩 땋아서 트레스(꼬임) 반죽 6개를 만든다(**1**).
- 자투리 반죽을 1.5㎜ 두께로 밀어 편 다음, 포크로 골고루 찌르고 냉동고에 넣어 굳힌다. 30×38㎝ 오븐팬 위에 유산지를 깐 다음, 반죽을 꺼내 지름 9㎝ 원형커터로 원 6개를 찍어 오븐팬에 올린다.
- 각 원에 물을 조심스럽게 바르고, 땋아놓은 트레스 반죽을 가장자리에 두른다. 달걀물을 바르고, 버터를 바른 타르틀레트링을 씌운다. 28℃로 맞춘 발효기에서 1시간~1시간 30분 발효시킨다(p.54 참조).

망고-패션프루트 크림

- 냄비에 생크림, 망고퓌레, 패션프루트퓌레를 넣고 끓을 때까지 가열한다. 동시에 볼에 달걀노른자와 설탕을 넣고 색이 옅어질 때까지 거품기로 휘핑한 다음, 옥수수전분을 넣고 섞는다.
- 냄비의 뜨거운 혼합물을 볼에 조금 붓고 섞은 다음, 불에서 내린 냄비에 볼의 내용물을 모두 넣는다. 잘 섞은 후 다시 냄비를 불에 올리고 끓을 때까지 가열한다.
- 가열이 끝나면 말리부를 넣고 섞는다.
- 스푼이나 짤주머니를 이용해 완성한 크림을 인서트 실리콘몰드에 25g씩 채운다(**2**). 작업대에 몰드를 가볍게 쳐서 내용물 표면을 평평하게 정리한다. 냉동하여 굳힌다.

굽기

- 오븐을 컨벡션 모드에서 180℃로 예열한다.
- 쿠론에 2번째 달걀물을 바르고, 쿠론 한가운데에 냉동한 망고-패션프루트 크림 인서트를 눌러 넣는다(**3**). 오븐 가운데 칸에 넣고 온도를 165℃로 낮추어 18분 굽는다.
- 오븐에서 꺼내 링을 벗긴 다음, 식힘망에 올려서 식힌다.

망고-패션프루트 글라사주

- 냄비에 패션프루트퓌레와 망고퓌레를 넣고 끓을 때까지 가열한다. 설탕과 펙틴을 섞어 냄비에 넣는다. 잘 저으면서 끓인 다음, 뜨거울 때 부리가 있는 작은 소스그릇에 담는다. 쿠론 1개당 글라사주 20g을 끼얹는다(**4**). 글라사주가 굳으면 먹는다.

La pomme Tatin du boulanger

제빵사가 만드는

사과 타탱

난이도 ♡

작업 10분 **발효** 1시간 30분 **굽기** 40분

사과 타탱 6개 분량

납작하게 쌓아서 보관한 크루아상반죽 자투리 420g 틀에 바를 버터(무른)+설탕

가니시 버터 120g 그래니스미스 사과(또는 청사과) 3개

틀 준비

- 지름 10㎝ 제누아즈틀 6개에 버터와 설탕을 입힌 다음, 30×38㎝ 오븐팬에 올린다.

가니시

- 버터를 얇게 슬라이스하여 각 틀에 20g씩 담는다. 사과의 껍질과 씨를 제거하고 가로로 2등분한다. 틀 하나에 사과를 1/2개씩 넣는다.

굽기

- 오븐을 컨벡션 모드에서 200℃로 예열한 다음, 가운데 칸에 위에서 준비한 팬을 넣고 20분 굽는다. 틀째로 식힌다.
- 크루아상반죽 자투리를 3.5㎜ 두께의 정사각형으로 잘라서 틀을 덮는다. 상온에서 1시간 30분 발효시킨다.
- 오븐을 컨벡션 모드에서 165℃로 예열하고, 가운데 칸에 팬을 넣어 20분 굽는다.
- 오븐에서 꺼내 유산지를 덮은 다음, 오븐팬을 엎어 누른다. 팬을 제거한 후 타탱을 뒤집어 틀에서 빼낸다.

Petit cake amandes-noisettes

아몬드-헤이즐넛
프티 케이크

난이도 ♘

작업 20분 **발효** 2시간 **굽기** 20분

프티 케이크 4개 분량

	납작하게 쌓아서 보관한 크루아상반죽 자투리 160g	
	틀에 바를 버터(무른)	
아몬드크림	버터(무른) 35g	아몬드가루 35g
	슈거파우더 35g	달걀(대) ½개(35g)
	헤이즐넛(볶은) 35g	
마무리	슈거파우더	

틀 준비

• 크루아상반죽 자투리를 1×1㎝ 정사각형으로 잘라서 버터를 바른 11×4㎝ 직사각형 틀에 채운다. 25℃로 맞춘 발효기에서 약 1시간 발효시킨다(p.54 참조).

아몬드크림

• 버터와 슈거파우더를 섞은 다음, 거품기로 충분히 휘핑하여 균일하게 섞는다. 아몬드가루, 달걀을 순서대로 넣고 다시 잘 섞는다. 완성한 아몬드크림을 짤주머니에 담는다.

조립 및 굽기

• 크루아상반죽 위에 아몬드크림을 채우고 약 1시간 발효시킨다. 볶아서 다진 헤이즐넛을 뿌린다.

• 오븐을 컨벡션 모드에서 165℃로 예열한다. 오븐 가운데 칸에 틀을 넣고 20분 굽는다. 틀에서 빼내 식힘망에 올려서 식힌다. 슈거파우더를 뿌린다.

Petit cake meringué au citron vert

라임을 넣은
머랭 프티 케이크

난이도 ♘

작업 20분 **발효** 2시간 **굽기** 20분

프티 케이크 4개 분량

	납작하게 쌓아서 보관한 크루아상반죽 자투리 160g	
	틀에 바를 버터(무른)	
레몬 아몬드 크림	버터(무른) 35g	달걀 ½개(27g)
	슈거파우더 35g	레몬즙 8g
	아몬드가루 35g	라임제스트 1개 분량
이탈리안머랭	설탕 100g	달걀흰자(소) 2개(50g)
	물 40g	
마무리	라임제스트 1개 분량	

몽타주

• 아몬드-헤이즐넛 프티 케이크 레시피를 따라서(왼쪽 레시피 참조) 케이크를 만든다. 레몬 아몬드 크림은 달걀을 넣은 다음, 레몬즙과 라임제스트를 섞어서 만든다. 깍지를 끼지 않은 짤주머니에 담아서 틀에 채운다. 약 1시간 발효시킨다.

굽기

• 오븐을 컨벡션 모드에서 165℃로 예열한다. 오븐 가운데 칸에 틀을 넣고 20분 굽는다. 오븐에서 꺼내 틀에서 빼내고 식힘망에 올려서 식힌다.

이탈리안머랭

• 냄비에 설탕과 물을 넣고 119℃까지 가열한다. 믹싱볼에 달걀흰자를 넣고 휘핑하여 거품을 낸다. 뜨거운 시럽을 붓고 머랭이 완전히 식을 때까지 휘핑한다. 별깍지를 낀 짤주머니에 담는다.

마무리

• 이탈리안머랭을 지그재그 모양으로 케이크 위에 짠다. 토치로 머랭 위를 그을려 색깔을 낸 다음, 라임제스트를 갈아서 뿌린다.

Galette des Rois à la frangipane
프랑지판크림을 넣은
갈레트 데 루아

난이도 ○○

2일 전_ 작업 5분 **냉장** 하룻밤
전날_ 작업 45분 **냉장** 12시간
당일_ 작업 15분 **굽기** 41분

갈레트 1개 분량

파트 퓌유테
파트 퓌유테 560g

프랑지판크림

크렘 파티시에르

달걀노른자 1개(20g) 커스터드 크림 파우더 10g 우유 100g
설탕 20g 바닐라빈(반으로 갈라서 긁어낸) ½줄기

아몬드크림

버터(포마드 상태의 부드러운) 50g 달걀(소) 1개(50g)
슈거파우더 50g 아몬드가루 50g 골든 럼 6g

페브 1개

달걀물
달걀 1개+달걀노른자 1개(함께 푼)

시럽
물 100g+설탕 130g(끓인)

파트 푀유테(2일 전)

- 3절접기를 4번 하여 파트 푀유테를 만든다(p.212 참조).

재단(전날)

- 5번째 3절접기를 한 다음, 반죽을 크기 23×45㎝, 두께 2㎜ 직사각형으로 밀어 편다. 유산지를 깐 오븐팬에 올린다(반죽을 2등분하여 오븐팬 2개에 나누어 올려도 좋다). 냉장하여 굳힌다(약 1시간).

NOTE 파트 푀유테 자투리는 뭉치지 않고 평평하게 겹쳐 보관하여 사크리스탱(p.308 참조) 등 다른 레시피에 사용한다.

크렘 파티시에르

- 볼에 달걀노른자와 설탕을 넣고 거품기로 색이 옅어질 때까지 휘핑한다. 커스터드 크림 파우더와 반으로 갈라서 긁어낸 바닐라빈 씨를 섞는다. 냄비에 우유를 넣고 끓인 다음, 절반을 볼의 내용물에 부어 잘 섞는다.
- 볼의 혼합물 전체를 남은 우유가 들어 있는 냄비에 붓고, 중불로 계속 저으면서 끓을 때까지 가열한다. 30초 정도 끓인 다음 볼에 옮겨 담는다. 크렘 파티시에르 표면에 랩을 밀착시켜 씌운 뒤 냉장한다.

아몬드크림

- 볼에 버터와 슈거파우더를 넣고 크리미한 상태가 될 때까지 휘핑한다. 아몬드가루, 달걀, 럼을 넣고 힘차게 휘핑하여 유화시킨다.

프랑지판크림

- 볼에 크렘 파티시에르 60g과 아몬드크림 200g을 넣고 매끈해질 때까지 거품기로 섞는다. 10번(지름 10㎜) 원형깍지를 낀 짤주머니에 담는다.

몽타주

- 파트 푀유테를 꺼내 지름 21㎝ 원 2개를 자른다(**1**). 오븐팬에 유산지를 깔고 원형 반죽 1장을 올린 다음, 브러시로 반죽 가장자리에 물을 가볍게 바른다. 반죽 가운데에 지름 16㎝ 원을 살짝 표시하고, 그 안쪽에 소용돌이모양으로 프랑지판크림을 짠다(**2**). 페브를 올린다. 남은 원형 반죽을 덮고 가장자리를 잘 붙인다. 달걀물을 바르고 다음 날까지 냉장한다.

마무리(당일)

- 냉장고에서 갈레트를 꺼낸다. 갈레트 위에 지름 18㎝ 링이나 커터를 올리고 여분의 반죽을 잘라낸 다음, 칼로 가장자리에 일정한 간격으로 작은 홈을 넣어 장식한다. 위에 다시 달걀물을 바르고, 가운데에서 가장자리를 향해 칼로 아치모양의 무늬를 그린다(**3**).

굽기

- 오븐을 컨벡션 모드에서 180℃로 예열한다. 오븐 가운데 칸에 팬을 넣고 40분 굽는다(**4**).
- 오븐에서 갈레트를 꺼낸 다음 온도를 220℃로 올린다. 갈레트에 시럽을 듬뿍 바르고, 다시 오븐에 1분 넣었다가 꺼낸다.
- 오븐에서 꺼낸 갈레트를 식힘망 위에 올린다.

1
2
3
AEG
200
4

Chausson aux pommes
쇼송 오 폼

난이도

전날_ 작업 5분 **냉장** 하룻밤
당일_ 작업 45분 **냉장** 4시간 **굽기** 30분

쇼송 5개 분량

파트 퓌유테	파트 퓌유테 560g
사과 콩포트	황설탕 30g 플뢰르 드 셀 2꼬집 바닐라빈(반으로 갈라서 긁어낸) 1줄기 버터 35g 그래니스미스 사과(작게 깍둑썰기한) 450g
달걀물	달걀 1개+달걀노른자 1개(함께 푼)
시럽	물 100g+설탕 130g(끓인)

잘 익히기 위해 사과는 잘게 자른다

그래니스미스는 신맛이 강하고 단맛이 적은 사과로 잘 익지 않는 편이다. 따라서 반액체 상태의 콩포트에 사과 조각이 섞인 형태로 만들어 식감을 살릴 수 있다.

파트 푀유테(전날)

- 3절접기를 4번 하여 파트 푀유테를 만든다(p.212 참조).

재단(당일)

- 5번째 3절접기를 한 다음, 반죽을 크기 30×38㎝, 두께 2㎜ 정도의 직사각형으로 밀어 편다. 30×38㎝ 오븐팬에 유산지를 깔고 반죽을 올려 1시간 냉장한다.
- 17×12.5㎝ 크기의 타원형 주름커터로 반죽 5개를 찍어낸다(**1**). 반죽을 오븐팬에 올리고, 다시 냉장고에 넣어 단단하게 굳힌다(약 1시간).

NOTE 파트 푀유테 자투리는 뭉치지 않고 평평하게 겹쳐 보관하여 사크리스탱(p.308 참조) 등 다른 레시피에 사용한다.

사과 콩포트

- 냄비에 황설탕을 넣는다. 물을 넣지 않고 중불로 호박색이 날 때까지 가열한다. 버터, 플뢰르 드 셀을 넣어 온도가 더 올라가지 않게 한 다음 사과, 반으로 갈라서 긁어낸 바닐라빈 씨와 깍지를 넣는다. 저으면서 사과 조각이 뭉개지지 않도록 약불로 뭉근하게 익힌다.
- 가열이 끝나면 볼에 담고 덮개를 씌워 냉장한다. 사용하기 전에 바닐라빈 깍지는 제거한다.

몽타주

- 재단한 쇼송반죽을 꺼낸다. 밀대로 타원의 중간부분을 밀어서 길이를 조금 늘인다. 반죽 절반의 가장자리에 물을 가볍게 바른 다음, 가장자리를 2㎝ 정도 남기고 가운데에 사과 콩포트를 65g씩 올린다(**2**)(**3**).
- 사과 콩포트를 올리지 않은 반대편 반죽으로 쇼송을 덮고 손가락으로 가장자리를 꼬집어 붙인다. 30×38㎝ 오븐팬에 유산지를 깔고 쇼송을 뒤집어 올린다. 달걀물을 바르고, 굽기 전 최소 2시간 냉장한다.
- 쇼송에 다시 달걀물을 바르고, 작은 칼로 표면에 선을 그려 장식한다(**4**). 칼끝으로 표면을 한두 번 찔러서 굽는 동안 내부의 증기가 빠져나가게 한다.

굽기

- 오븐을 컨벡션 모드에서 180℃로 예열한다. 오븐 가운데 칸에 팬을 넣고 30분 굽는다.
- 오븐에서 팬을 꺼내고 220℃로 예열한다. 쇼송에 시럽을 듬뿍 발라 광택을 내고 다시 오븐에 30초 넣는다. 오븐에서 꺼낸 쇼송 오 폼을 식힘망에 올려 식힌다.

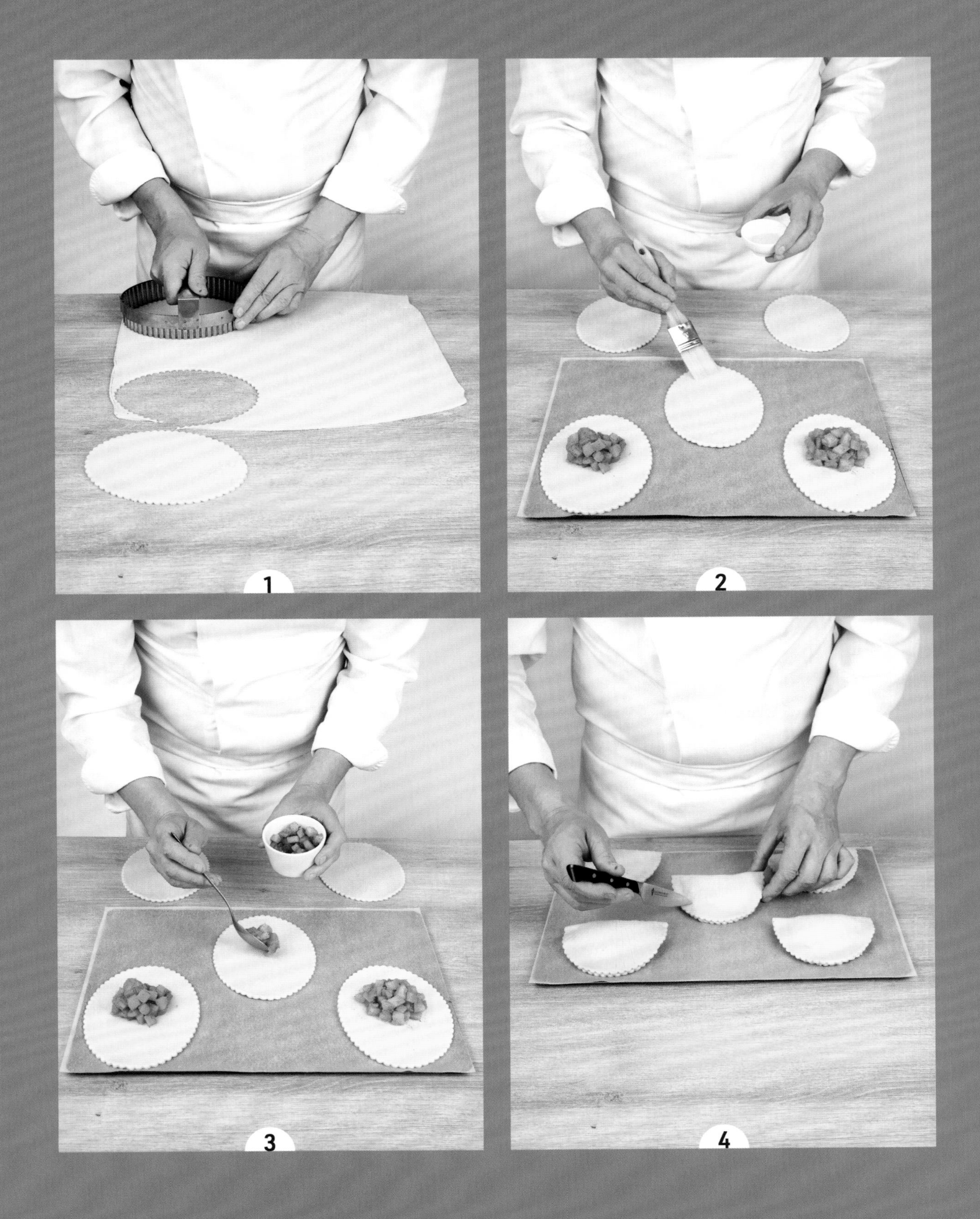
1
2
3
4

Sacristain

사크리스탱

난이도 ♧

작업 15분 **굽기** 30분

사크리스탱 여러 개

파트 푀유테 자투리 설탕

재단 및 성형

- 파트 푀유테 자투리는 결을 살리기 위해 뭉치지 않고 차곡차곡 겹쳐서 납작하게 보관한다. 밀대로 반죽을 길이 20㎝, 두께 4㎜로 밀어 편다. 한쪽 면에 설탕을 뿌린 다음, 2㎝ 너비의 띠모양으로 잘라서 각각 꼬아준다. 30×38㎝ 오븐팬에 유산지를 깔고 꼬아놓은 반죽을 올린 다음, 양끝을 가볍게 눌러 유산지 위에 고정시킨다.

굽기

- 오븐을 컨벡션 모드에서 180℃로 예열한다. 오븐 가운데 칸에 팬을 넣고 10분 구운 다음, 온도를 165℃로 낮추어 20분 더 굽는다.

응용1

다진 아몬드와 황설탕을 뿌린 사크리스탱 Amandes hachées et sucre casson

- 반죽을 밀어 펴고 한쪽 면에 다진 아몬드를 뿌린다. 밀대로 살짝 누르듯이 밀어서 아몬드를 고정시킨 다음 반죽을 뒤집는다. 뒤집은 면에는 황설탕을 뿌린다. 띠모양으로 잘라서 꼬아준다.

응용2

로열 아이싱을 바른 사크리스탱 À la glace royale

- 볼에 슈거파우더 125g, 달걀흰자 1개(30g)를 넣고 거품기로 섞은 다음, 레몬즙 8g을 넣는다. 이 로열 아이싱을 브러시로 반죽 한쪽 면에 바른다. 띠모양으로 잘라서 꼬아준다.

응용3

치즈와 에스플레트 고춧가루를 뿌린 사크리스탱 Fromage râpé et piment d'Espelette

- 치즈를 갈아서 에스플레트 고춧가루를 섞고 반죽 한쪽 면에 얇게 뿌린다. 띠모양으로 잘라서 꼬아준다.

ORDON BLEU PARIS

Glossaire
제빵 용어

A

ABAISSER(아베세)
제과 제빵용 밀대를 이용해 원하는 두께와 크기로 반죽을 밀고 늘이는 것.

ALLONGER(알롱제)
2차발효 전에 반죽을 길게 늘여 형태를 완성하는 것.

APPAREIL(아파레이)
레시피의 여러 재료들을 섞은 혼합물로, 주로 달걀이 들어가는 경우가 많다(예 : 수플레 아파레이).

APPRÊT(아프레)
성형과 오븐에 넣기 사이의 마지막 발효단계. 22~25℃의 충분히 습하고 공기가 통하지 않는 환경에서 진행하는 것이 이상적이다. Pousse(푸스) 참조.

AUTOLYSE(오토리즈)
레시피의 물과 밀가루를 먼저 섞은 다음, 다른 재료를 넣기 전까지 30분에서 몇 시간 동안 그대로 두는 테크닉. 밀가루의 수화는 밀가루 속 효소의 활동을 촉진시켜 글루텐 망을 형성하고 본반죽 시간을 줄여준다.

B

BAISURE(베쥐르)
굽는 과정에서 반죽이 서로 닿았을 때 크러스트에 생기는 자국.

BANNETON(바느통)
버들가지로 만든 작은 바구니에 리넨천을 씌운 것. 여기에 반죽을 담아 2차발효(마지막 발효)를 진행한다.

BASSINER(바시네)
믹싱 마지막 단계에서 반죽의 수분율을 높이기 위해 반죽에 소량의 액체(일반적으로 물)를 보충하여 글루텐을 부드럽게 만드는 작업.

BÂTARD(바타르)
가성형 형태로 공모양과 바게트 사이의 중간 길이로 성형한 모양.

BEURRE SEC(뵈르 섹)
BEURRE DE TOURAGE(뵈르 드 투라주)
드라이버터 / 접기용 버터. 일반 버터에 비해 지방 함량과 신장성이 더 높은 버터. 수분 함량은 더 낮다(5~8%로 버터의 품질에 따라 다름). 녹는점은 더 높다. 파트 푀유테(퍼프 페이스트리)와 발효시킨 파트 푀유테(예 : 크루아상, 브리오슈 또는 팽 푀유테)에 사용한다.

BOULER(불레)
글루텐을 부드럽게 만들기 위해 반죽을 굴려 매끈한 공모양을 만드는 작업. 둥근 모양은 반죽 속에 들어 있는 이산화탄소를 가두는 역할도 한다.

BUÉE(뷔에)
오븐 안에서 물을 분사하여 증기를 만드는 과정. 스팀은 크러스트 형성을 늦추어 빵의 마지막 발달을 돕고 광택이 나게 한다.

C

CARAMÉLISER(카라멜리제)
1. 설탕을 가열하여 호박색을 띠게 만드는 작업. 다양한 용도로 사용한다.
2. 굽기 마지막 단계에서 크러스트에 색을 내는 작업. 식품을 고온으로 가열했을 때 일어나는 마이야르 반응에 의한 현상이다. (당질과 아미노산 분자가 반응하여 매우 복합적인 맛과 향을 만들어낸다.)

CHUTE(쉬트)
남은 반죽. 자투리.

CINTRÉ(생트레)
굽는 과정에서 빵이 아치 또는 커브 모양으로 휘어진 경우.

COLLER(콜레)
1. 농도를 높일 수 있는 첨가물(전분, 펙틴, 크림, 과일콩포트 등)을 넣어 혼합물이나 반죽을 되직하게 만들거나 굳히는 작업.
2. 반죽 표면에 물을 발라 2개의 반죽을 붙이는 작업. 접착제 역할을 하는 반죽을 이용해 구운 반죽으로 만든 테마를 지지대와 결합시키는 작업(예 : 파티빵).

CONFIT(콩피)
식재료를 식초(채소), 설탕(과일), 알코올(과일), 기름(가금류) 등에 완전히 절여질 때까지 재운 것. 재료를 익히거나 보존하기 위해 진행하는 작업이다.

CONTRE - FRASAGE(콩트르 프라자주)
본반죽 또는 재료를 섞는 과정에서 반죽을 더 되게 만들기 위해 밀가루를 추가로 넣는 작업. Frasage(프라자주) 참조.

CORSETAGE(코르스타주)
틀에 넣어 구운 반죽이 변형되어 코르셋으로 조인 허리처럼 옆면이 오목하게 들어간 경우.

COUCHE(쿠슈)
발효 도중 반죽을 올려놓는 리넨 또는 캔버스 천.

COUCHER(쿠셰)
1. 밀어놓은 반죽을 오븐팬에 올리는 것.
2. 크림이나 그 밖의 가니시를 요리나 식재료 위에 펴 바르는 것.
3. 깍지를 낀 짤주머니에 작업한 혼합물을 담아 오븐팬에 일정한 간격으로 올리는 것.

COULER(쿨레)
수화를 위해 반죽에 물을 넣는 것.

COUP DE LAME(쿠 드 람)
반죽을 오븐에 넣기 전에 칼로 반죽 윗면에 낸 자국. Grigne(그리뉴), Lamer(라메), Scarification(스카리피카시옹) 참조.

COUPER(쿠페)
썰다. 조각내다.

CROÛTAGE(크루타주)
1. 반죽을 일부러 바람이 통하는 곳에 내놓아 표면에 마른 막을 만드는 작업.
2. 굽기 전 건조한 바람과 지나치게 오래 접촉하여 반죽 표면이 말라버린 부분.

CROÛTE(크루트)
구워진 빵의 겉껍질. 크러스트.

CUISSON(퀴송)
재료를 익히는 행위와 방법.

D

DÉS(데)
일정한 크기로 작게 깍둑썰기한 모양. 큐브.

DÉCHIRÉ(데시레)
매끈하지 않거나 균열이 보이는 반죽. 과발효된 반죽이나 신장성이 부족한 경우 또는 반죽의 힘이 과도하여 나타나는 현상이다.

DÉCOUPER(데쿠페)
가위, 칼 또는 모양커터를 이용해 자르는 것.

DÉGAZER(데가제)
손으로 눌러 반죽 속의 이산화탄소를 빼는 것. 주로 성형 도중에 이루어진다.

DÉLAYER(델레예)
재료(예 : 생이스트나 전분)를 액체와 섞는 것.

DÉMOULER(데물레)
일정한 형태를 만들기 위해 사용한 틀에서 조리한 빵을 빼내는 것.

DÉTAILLER(데타이예)
칼이나 모양커터를 사용해 작업물을 자르는 것.

DÉTENTE(데탕트)
반죽을 가성형한 다음 휴지시키는 시간으로 본성형을 쉽게 할 수 있다.

DÉTREMPE(데트랑프)
버터를 넣어 접기 전 단계에서 밀가루, 물, 소금 그리고(또는) 생이스트를 넣어 만드는 기본 반죽. 크루아상반죽, 파트 퓌유테, 빵 또는 브리오슈에 쓰인다.

DÉVELOPPER(SE)(스 데블로페)
발효와 굽기 과정에서 반죽의 부피가 증가하는 것.

DIVISION(디비지옹)
전체 반죽을 보통 정해진 무게에 따라 여러 개의 반죽으로 나누는 작업.

DONNER DU CORPS(도네 뒤 코르)
반죽을 손으로 치대 글루텐을 활성화시켜서 반죽에 신장성을 주는 것.

DORER(도레)
풀어놓은 달걀 또는 달걀노른자를 발라서 빵의 발색과 광택을 향상시키는 것.

DORURE(도뤼르)
반죽을 굽기 전에 바르는 달걀물(풀어놓은 전란이나 달걀노른자에 경우에 따라 물과 소금을 섞은 것).

DRESSER(드레세)
조리할 작업물을 오븐팬에 바르게 올리는 것(예 : 슈반죽).

E · F

ENCHÂSSER(엉샤세)
반죽에 층을 만들기 위해 접기에 앞서 데트랑프에 드라이버터를 넣는 것(예 : 크루아상, 파트 퓌유테, 빵, 브리오슈 등).

FAÇONNER(파소네)
반죽의 최종 형태를 완성하는 것.

FERMENTATION(페르망타시옹)
전분이 당으로 분해된 다음, 당이 지마아제(이스트에 들어 있는 효소)와 열의 작용으로 알코올과 이산화탄소로 변환되는 과정. 발효.

FLEURER(플뢰레)
작업대 표면에 반죽이 붙지 않도록 밀가루를 얇게 뿌리는 것.

FONCER(퐁세)
틀이나 용기의 바닥과 벽면을 따라 반죽을 깔거나 붙이는 것.

FONTAINE(퐁텐)
가운데에 반죽을 위한 재료를 놓을 수 있도록 밀가루를 고리모양으로 만든 것.

FORCE(포르스)
반죽이 지닌 3가지 역학적 특성(유연성, 점성, 탄력성)의 총칭. 반죽의 힘이 지나치면 과도한 탄성이 생기고, 반죽의 힘이 부족하면 신장성이 과도해지고 탄력 저항성이 떨어진다.

FOURNÉE(푸르네)
오븐에 한 번에 구울 수 있는 성형된 빵의 수량.

FRASAGE(프라자주)
손으로, 또는 믹서를 저속으로 돌려 재료를 섞는 작업. 반죽의 첫 단계인 재료 혼합.

G

GELÉE(즐레)
증점제(예 : 펙틴 또는 젤라틴)를 넣은 과즙 또는 과육. 젤리. 충전물(인서트)로 쓰거나 케이크 또는 앙트르메에 광택을 내는 용도로 사용한다.

GLAÇAGE(글라사주)
재료를 섞어 시럽과 같은 질감을 낸 것으로 요리용과 디저트용이 있으며, 제과나 당과, 요리에서 음식에 바르는 용도로 사용한다.

GLUTEN(글루텐)
밀가루에 들어 있는 단백질의 일부로, 물에 녹지 않는다.

GRIGNE(그리뉴)
제빵사 고유의 표식으로, 반죽을 오븐에 넣기 전 반죽에 낸 칼집이 구워진 후 남긴 자국이다. Coup De Lame(쿠 드 람), Lamer(라메), Scarification(스카리피카시옹) 참조.

H · I · J

HYDRATATION(이드라타시옹)
반죽할 때 밀가루가 흡수하는 물의 양.

IMBIBER(앵비베)
재료를 시럽, 술 또는 리큐어에 적시거나 담가서 향을 내고 더 부드럽게 만드는 것.

INCORPORER(앵코르포레)
재료를 다른 재료에 조금씩 조심스럽게 섞는 것.

INFUSER(앵퓌제)
향이 있는 재료를 끓기 직전의 액체에 담가두어 향이 우러나게 하는 것(예 : 차).

JET(제) 또는 **JETÉ**(즈테)
빵이 구워질 때 크러스트 위에 낸 칼집이 터지거나 열리는 현상.

L

LAMER(라메)
오븐에 넣기 직전 반죽에 하나 또는 여러 개의 칼집을 내는 것. 오븐에서 구워지는 동안 반죽 속 이산화탄소가 잘 빠지도록 하기 위한 것이다. Grigne(그리뉴), Scarification(스카리피카시옹) 참조.

LEVAIN(르뱅)
생이스트 없이 특정 종류의 밀가루(밀기울 일부 포함)와 액체를 이용한 발효법. 르뱅은 주기적으로 리프레시하여 밀가루 속 미생물(유산균, 야생효모)의 먹이를 공급해주어야 한다.

LEVAIN CHEF(르뱅 셰프)
최적의 르뱅을 만들기 위해 미생물의 활동을 극대화시킨 르뱅의 모체. 스타터.

LEVAIN DUR(르뱅 뒤르)
비교적 단단한 질감을 가진 르뱅.

LEVAIN - LEVURE(르뱅 르뷔르)
이스트 르뱅. 사전에 생이스트를 써서 발효시킨 반죽을 제한된 비율로 반죽에 사용하는 제법으로, 주로 비에누아즈리에 쓰인다.

LEVAIN LIQUIDE(르뱅 리퀴드)
수분이 많은 르뱅.

LEVAIN TOUT POINT(르뱅 투 푸앵)
리프레시를 거듭하여 셰프(스타터)로부터 양을 점차 늘린 르뱅.

LEVER(르베)
따뜻하고 습한 환경에서 반죽을 발달시키는 것(예 : 브리오슈반죽, 빵반죽, 크루아상반죽).

LEVURE(르뷔르)
LEVURE DE BOULANGER(르뷔르 드 불랑제)
사탕무 발효과정에서 발생하는 당밀에서 생겨난 단세포 미생물 효모 사카로마이세스 세레비지애(*Saccharomyces cerevisiae*). 물과 밀가루를 섞으면 이스트가 이산화탄소를 발생시키며 발효를 일으킨다.

LEVURE CHIMIQUE(르뷔르 시미크)
베이킹파우더. 탄산수소나트륨과 주석산으로 이루어진 팽창제로 반죽에 어떤 냄새나 맛도 남기지 않는다. 생이스트와는 달리 오븐에서만 작용한다.

LISSAGE(리사주)
반죽에 공기를 집어넣으며 늘어나게 하여 고른 상태로 반죽을 마무리하는 작업. 글루텐 망을 최적화시키기 위해 믹서를 한 번 돌리는 방식으로 대신하기도 한다. 무른 반죽보다 된 반죽이 더 빨리 매끈해진다.

LUSTRER(뤼스트레)
다 구워진 제품에 시럽이나 버터를 발라 광택을 내는 것.

M

MACÉRER(마세레)
생과일이나 말린 과일, 과일콩피를 일정 시간 액체에 담가 향이 배게 하거나 부드럽게 만드는 것.

MONTER(몽테)
거품기로 휘저어 섞는 것(예 : 달걀흰자 머랭 올리기나 크림 휘핑).

MOULER(물레)
굽기 전후로 아파레이나 반죽을 틀에 채우는 것.

P

PANIFICATION(파니피카시옹)
빵의 제조 공정.

PÂTE FERMENTÉE(파트 페르망테)
반죽 후 몇 시간 동안 발효시켜 만드는 사전발효 반죽. 본반죽에 들어가 반죽에 힘을 주는 역할을 하며, 맛을 향상시키고 빵 보존에 도움이 된다.

PÂTON(파통)
반죽이 끝나고 분할을 마친 굽기 전의 반죽(예 : 파트 푀유테, 빵반죽).

PÉTRIR(페트리르)
손 또는 믹서를 사용해 반죽이 고르게 섞일 때까지 자르고 잡아당기며 부풀려 글루텐 망을 발달시키는 것.

PLIER(플리에)
반죽의 한쪽 면을 다른 면으로 덮는 것(펀칭 또는 파트 푀유테나 발효시킨 파트 푀유테를 접을 때).

POCHER(포셰)
끓기 직전의 액체에 재료를 넣어 익히는 것.

POCHOIR(포슈아)
굽기 전후로 빵 위에 무늬를 입히기 위해 사용하는 도구. 스텐실.

POINTAGE(푸앵타주)
반죽 후 분할 전까지 처음으로 진행하는 발효. Pousse(푸스) 참조.

POINTE(푸앵트)
칼끝으로 한 번 뜬 분량(예 : 바닐라파우더 칼끝으로 아주 조금).

POOLISH(풀리시)
동량의 밀가루와 물을 섞은 다음, 생이스트를 넣어 만든 액상 발효반죽.

POREUSE(포뢰즈)
표면에 작은 구멍이 난 반죽.

POUSSE(푸스)
반죽 후와 성형과 굽기 사이에 진행되는 발효단계. Pointage(푸앵타주), 아프레(Apprêt) 참조.

PRÉFAÇONNER(프레파소네)
분할한 반죽을 가볍게 늘이거나 둥글려 모양을 정돈하는 것. 최종 성형을 준비하는 작업이다.

R

RABATTRE(라바트르) 또는
FAIRE UN RABAT(페르 엉 라바)
반죽을 잡아당기고 접어 가스를 빼는 것. 반죽의 힘을 회복시키고 발효과정을 다시 시작하기 위한 작업으로, 1차발효 중에 이루어진다.

RAFRAÎCHIR(라프레시르)
물과 밀가루를 보충하여 르뱅에 영양분을 공급하고, 지속력을 유지시켜주는 성분을 새로 채우고 보강하는 것. 산미가 지나치게 발달하는 것을 막기 위해서는 꿀을 이용해 당을 보충하거나, 요거트 또는 다른 유제품으로 유산균을 공급한다. 리프레시.

RASSIS(라시)
건조한 공기에 오래 노출되어 단단해진 빵 등 노화된 음식. 신선하지 않은 (빵).

RASSISSEMENT(라시스망)
수분이 증발되어 나타나는 빵 구조의 변형.

RELÂCHEMENT(를라슈망)
힘을 잃은 반죽에 나타나는 결함으로 반죽이 늘어진 것.

RESSUAGE(르쉬아주)
오븐에서 빵을 꺼낸 후 빵이 지닌 수분의 일부가 증기의 형태로 빠져나가는 단계. 제빵의 마지막 필수단계.

S

SABLER(사블레)
지방질 재료를 밀가루와 비벼 모래처럼 포슬포슬하게 만드는 것. 고운 빵가루와 비슷해지면 작업을 멈춘다.

SAISI(세지)
굽기를 시작한 단계에서 색이 진하게 나온 크러스트의 상태.

SCARIFICATION(스카리피카시옹)
오븐에 넣기 전 반죽 표면에 낸 칼집. Coup De Lame(쿠 드 람), Grigne(그리뉴), Lamer(라메) 참조.

SERRER(세레)
성형할 때 이산화탄소를 최대한 제거하기 위해 힘을 주어 반죽을 마는 것.

SOUDURE(수뒤르)
성형할 때 둥글리거나 길쭉한 모양으로 말아놓은 반죽의 접합부분.

SOUFFLAGE(수플라주)
믹싱 도중 반죽에 공기를 집어넣는 작업.

SUINTER(쉬앵테)
오버믹싱되어 온도가 지나치게 높아진 반죽에서 수분이나 버터의 일부가 배어나오는 것.

T · Z

TAILLER(타이예)
정확한 크기로 자르는 것.

TAMISER(타미제)
불순물이나 기름기를 제거하기 위해 체에 내리는 것.

TENUE(트뉘)
발효시 반죽이나 분할한 반죽이 모양을 유지하는 힘을 표현하기 위해 사용하는 용어.

TOLÉRANCE(톨레랑스)
반죽이 과발효나 저발효를 손상 없이 버텨낼 수 있는 힘.

TORSADER(토르사데)
두 덩어리의 반죽을 꼬거나(예 : 바브카), 반죽 하나를 꼬아 마는 것(예 : 사크리스탱).

TOURAGE(투라주)
반죽에 버터를 넣고 여러 번 접는 작업으로, 반죽과 버터가 겹쳐 층이 만들어진다.

TOURER(투레)
반죽과 버터를 겹쳐 접고 또 접어 합치는 것(예 : 파트 푀유테, 크루아상반죽).

TOURNE À CLAIR(투르느 아 클레르)
성형 후 2차발효 중에 반죽의 이음매가 아래로 가게 놓는 방식.

TOURNE À GRIS(투르느 아 그리)
성형 후 2차발효 중에 반죽의 이음매가 위로 가게 놓는 방식.

TOURNER(투르네)
반죽을 다소 단단하게 말면서 성형하는 것.

TRAVAILLER(트라바이예)
반죽을 힘차게 치대고 휘젓는 것.

TREMPER(트랑페)
액체에 적시는 것.

ZESTER(제스테)
감귤류(오렌지, 레몬)의 색이 있는 겉껍질을 벗겨내는 것. 제스트는 향을 내기 위해 넣거나 설탕에 절일 수 있다.

Index

레시피 인덱스

CAREME

Remerciements
감사의 말

이 책의 출판은 협력팀들의 프로페셔널함, 순간마다 흐름을 놓치지 않는 후속 작업과 열정이 있어 가능했습니다. 리안 마야르와 올리비에 부도 셰프, 프레데릭 오엘, 벵상 소모자, 고티에 드니에게 감사합니다. 포토그래퍼 델핀 콩스탕티니와 쥘리엣 튀리니, 스타일리스트 멜라니 마르탱에게도 감사를 전합니다. 행정을 담당한 카예 보디네트, 이소르 쿠앵트로, 캐리 리 브라운에게 감사의 인사를 전합니다.

특별히, 이 자리를 빌려 라루스출판사의 이자벨 죄그-마이나르와 지슬렌 스토라, 그리고 모든 팀원들, 에밀리 프랑, 제랄딘 라미, 에바 로셰, 로랑스 알바도, 엘리즈 르죈, 오로르 엘리, 클레망틴 탕기, 에마뉘엘 샤스풀에게 감사를 전합니다.

르 꼬르동 블루와 라루스출판사는 전 세계 20여 개국, 30개가 넘는 캠퍼스에서 근무하고 있는 르 꼬르동 블루 셰프들에게 감사의 인사를 전합니다. 그들의 기술 노하우와 창의성이 있었기에 이 책이 만들어질 수 있었습니다.

다음 셰프들에게 깊은 감사의 말씀을 전합니다.

Le Cordon Bleu Paris Éric Briffard MOF, Patrick Caals, Williams Caussimon, Philippe Clergue, Alexandra Didier, Olivier Guyon, René Kerdranvat, Franck Poupard, Christian Moine, Guillaume Siegler, Fabrice Danniel, Frédéric Deshayes, Corentin Droulin, Oliver Mahut, Emanuele Martelli, Soyoun Park, Frédéric Hoël, Gauthier Denis

Le Cordon Bleu London Emil Minev, Loïc Malfait, éric Bédiat, Jamal Bendghoughi, Anthony Boyd, David Duverger, Reginald Ioos, Colin Westal, Colin Barnett, Ian Waghorn, Julie Walsh, Graeme Bartholomew, Matthew Hodgett, Nicolas Houchet, Dominique Moudart, Jerome Pendaries, Nicholas Patterson, Stéphane Gliniewicz

Le Cordon Bleu Madrid Erwan Poudoulec, Yann Barraud, David Millet, Carlos Collado, Diego Muñoz, Natalia Vázquez, David Vela, Clement Raybaud, Amandine Finger, Sonia Andrés, Amanda Rodrigues

Le Cordon Bleu Istanbul Erich Ruppen, Marc Pauquet, Alican Saygı, Andreas Erni, Paul Métay, Luca De Astis

Le Cordon Bleu Liban Olivier Pallut, Philippe Wavrin

Le Cordon Bleu Japan Gilles Company

Le Cordon Bleu Korea Sebastien de Massard, Georges Ringeisen, Pierre Legendre, Alain Michel Caminade, Christophe Mazeaud

Le Cordon Bleu Thailand Rodolphe Onno, David Gee, Patrick Fournes, Pruek Sumpantaworaboot, Frédéric Legras, Marc Razurel, Thomas Albert, Niruch Chotwatchara, Wilairat Kornnoppaklao, Rapeepat Boriboon, Atikhun Tantrakool, Damien Lien, Chan Fai

Le Cordon Bleu Shanghai Phillippe Groult MOF, Régis Février, Jérôme Rohard, Yannick Tirbois, Benjamin Fantini, Alexander Stephan, Loic Goubiou, Arnaud Souchet, Jean-Francois Favy

Le Cordon Bleu Taiwan Jose Cau, Sébastien Graslan, Florian Guillemenot

Le Cordon Bleu Malaysia Stéphane Frelon, Thierry Lerallu, Sylvain Dubreau, Sarju Ranavaya, Lai Wil Son

Le Cordon Bleu Australia Tom Milligan

Le Cordon Bleu New Zealand Sébastien Lambert, Francis Motta, Vincent Boudet, Evan Michelson, Elaine Young

Le Cordon Bleu Ottawa Thierry Le Baut, Aurélien Legué, Yannick Anton, Yann Le Coz, Nicolas Belorgey

Le Cordon Bleu Mexico Aldo Omar Morales, Denis Delaval, Carlos Santos, Carlos Barrera, Edmundo Martínez, Richard Lecoq

Le Cordon Bleu Peru Gregor Funcke, Bruno Arias, Javier Ampuero, Torsten Enders, Pierre Marchand, Luis Muñoz, Sandro Reghellin, Facundo Serra, Christophe Leroy, Angel Cárdenas, Samuel Moreau, Milenka Olarte, Daniel Punchin, Martín Tufró, Gabriela Zoia

Le Cordon Bleu São Paulo Patrick Martin, Renata Braune, Michel Darque, Alain Uzan, Fabio Battistella, Flavio Santoro, Juliete Soulé, Salvador Ariel Lettieri, Paulo Soares

Le Cordon Bleu Rio de Janeiro Yann Kamps, Nicolas Chevelon, Mbark Guerfi, Philippe Brye, Marcus Sales, Pablo Peralta, Philippe Lanie, Gleysa Brito, Jonas Ferreira, Thiago de Oliveira, Bruno Coutinho, Charline Fonseca

Le Cordon Bleu Chile, Le Cordon Bleu India

르 꼬르동 블루는 일렉트로룩스의 설비 지원에 감사를 전합니다.
(www.electrolux.fr)

르 꼬르동 블루 불랑주리

L'ÉCOLE de la BOULANGERIE

펴낸이 유재영 | **펴낸곳** 그린쿡 | **지은이** Le Cordon Bleu
옮긴이 고은혜 | **감수** Le Cordon Bleu Korea
기 획 이화진 | **편 집** 나진이 | **디자인** 정민애

1판 1쇄 2023년 1월 6일

출판등록 1987년 11월 27일 제 10-149
주소 04083 서울 마포구 토정로 53(합정동)
전화 02-324-6130, 6131
팩스 02-324-6135

E-메일 dhsbook@hanmail. net
홈페이지 www.donghaksa.co.kr / www.green-home.co.kr
페이스북 www.facebook.com / greenhomecook
인스타그램 www.instagram.com/__greencook

ISBN 978-89-7190-844-0 13590

* 이 책은 실로 꿰맨 사철제본으로 튼튼합니다.
* 파본 등의 이유로 반송이 필요할 경우에는 구매처에서 교환하시고, 출판사 교환이 필요할 경우에는 위의 주소로 반송 사유를 적어 도서와 함께 보내주십시오.

GREENCOOK은 최신 트렌드의 디저트, 브레드, 요리는 물론 세계 각국의 정통 요리를 소개합니다.
국내 저자의 특색 있는 레시피, 세계 유명 셰프의 쿡북, 한국·일본·영국·미국·이탈리아·프랑스 등 각국의 전문요리서 등을 출간합니다.
요리를 좋아하고, 요리를 공부하는 사람들이 늘 곁에 두고 보고 싶어하는 요리책을 만들려고 노력합니다.

옮긴이 고은혜 이화여대 통번역대학원 통역 전공 한불과와 파리 통번역대학원(ESIT-Paris 3) 한불 번역 특별과정을 졸업했다. 서울과 파리에서 음식을 공부하고 프랑스 공인 요리 전문 자격(CAP-Cuisine) 취득 후 파리 미쉐린 스타 레스토랑 견습을 거쳤다. 현재 르 꼬르동 블루 숙명 아카데미에서 요리, 제과, 제빵 강의 통역을 담당하고 있으며, F&B 전문 한불 통번역사로도 활동 중이다.
옮긴 책으로 『맥주는 어렵지 않아』, 『칵테일은 어렵지 않아』, 『요리는 어렵지 않아』, 『럼은 어렵지 않아』, 『차는 어렵지 않아』가 있다.